지질학, 지구사 그리고 인류

전파과학사는 독자 여러분의 책에 관한 아이디어와 원고 투고를 기다리고 있습니다. 디아스포라는 전파과학사의 임프린트로 종교(기독교), 경제·경영서, 일반 문학 등 다양한 장르의 국내 저자와 해외 번역서를 준비하고 있습니다. 출간을 고민하고 계신 분들은 이메일 chonpa2@hanmail.net로 간단한 개요와 취지, 연락처 등을 적어 보내주세요.

지질학, 지구사 그리고 인류
지질학 입문

―
초판 1쇄 1988년 11월 15일
개정 1쇄 2024년 09월 24일

―
지은이 장기홍
발행인 손동민
디자인 이지혜

―
펴낸 곳 전파과학사
출판등록 1956. 7. 23. 제 10-89호
주 소 서울시 서대문구 증가로18, 204호
전 화 02-333-8877(8855)
팩 스 02-334-8092
이 메일 chonpa2@hanmail.net
공식 블로그 http://blog.naver.com/siencia

ISBN 978-89-7044-677-6 (03450)

• 이 책은 저작권법에 따라 보호받는 저작물이므로 무단전재와 무단복제를 금지하며, 이 책 내용의 전부 또는 일부를 이용하려면 반드시 저작권자와 전파과학사의 서면동의를 받아야 합니다.
• 파본은 구입처에서 교환해 드립니다.

지질학, 지구사 그리고 인류

지질학 입문

장기홍 지음

전파과학사

머리말

아들이 어머니의 생애를 생각한다는 것은 놀라운 성장을 뜻한다. 필자는 이 조그마한 책을 내면서 지구의 아들인 사람이 지구를 뒤돌아보는 기념할 만한 성장에 참여하는 기쁨도 있지만, 소품을 내놓는다는 송구함도 있다.

여기에 모은 글 중에는 이번에 새로 쓴 것도 있으나 대부분 한 번쯤 어디엔가 발표한 것이다. 다만 이번에 새로 다듬었으므로 모두 새로운 것이라고도 할 수 있다.

이 책에는 유명한 지질학자들의 자연관을 소개한 장(제22장)도 있다. 또 제2장은 아서 홈즈(Arthur Holmes)의 「물상지질학의 원리」(Principles of Physical Geology, 1965)의 일부를 간추린 것인데 이는 그가 암석 연령 측정법의 태두(泰斗)이기 때문에 그의 글을 소개했다.

모든 장은 각각 독립된 내용이지만 공통점이 있다면 지질학과 지구사에 초점을 맞췄다는 점이다. '한 지구과학자가 본 기술 문명의 방향'이란 글은 문명도 넓은 의미에서 지구사의 일부고, 또 지질학과 고생물학의 관점에서 문명을 본 것이기에 이 책에 포함했다.

끝으로 이 작은 책이 지구과학에 눈을 돌리려는 학도들이나 이 책에 접하는 모든 분에게 조금이라도 보탬이 되기를 바랄 뿐이다.

장기홍

증보판을 내면서

초판이 문공부 선정도서가 됐다는 소식을 듣고 송구하던 차에 이 증보판을 내놓게 돼 무겁던 마음이 한결 가볍다. 초판에 미진했던 몇 군데를 고쳐 쓰고, 새로 7개의 장을 추가했다(4장, 5장, 10장, 12장, 18장, 20장, 21장).

제10장의 오스트롬 교수는 가히 공룡 연구의 일인자인데, 근래 〈내셔널 지오그래픽(National Geographic)〉(1978년 8월호)에 투고한 글(A New Look at Dinosaurs)을 학생들에게 쉽게 읽히기 위해 번역해 정서하던 중 이 책의 재판을 찍는다는 통지가 와서 그 글의 전반부를 '온혈공룡'이라 제(題)하여 이 책 속에 넣기로 했다. 즉 그것은 번역물이지 필자의 저작이 아니나 읽는 이는 마치 필자가 쓴 것으로 오해할 수 있다. 독자 여러분의 양해를 바란다.

많은 가위질과 풀칠이 이 책에 들어 있지만, 이렇게라도 지구과학에 흥미를 돋우는 데 이바지한다면 더없는 다행이겠다.

| 차례 |

머리말 | 4
증보판을 내면서 | 5

제1장 지질학사의 한 모습
아리스토텔레스와 구약성경의 영향 | 14
제일설과 천변지이설 | 16
지층의 누중과 동물군의 계승 | 18
상대적 지질편년과 지층의 나이 | 22
맺는 말 | 28

제2장 암석의 방사능 연령
방사능 | 32
방사능 시계 | 34
방사능 시계를 읽는 법 | 37

제3장 지구의 초기사
지구의 기원 | 46
고체지구의 초기사와 지구연령 | 50
선캄브리아 영대의 생물 | 54

제4장 지구와 달의 발달사 비교
비교 개요 | 60
체적과 에너지 | 61
충격변성작용 | 62
중첩된 원상자국들 | 63
지구는 행운아 | 64

제5장 대기 산소와 오존층의 기원
대기 산소의 기원 | 70
산소와 다세포 동물의 기원 | 72
대기 오존층의 기원과 위기 | 73

제6장 화석의 보존 조건과 종류
화석화의 요건 | 78
연질부의 보존 | 81
경질부의 보존 | 82
변질보존 | 84
형적화석 | 86

제7장 화석생물의 생태
생물과 환경 | 94
생활군집과 유해군집 | 98
여러가지 유해군집 | 102
유해군집의 해석 | 103
고생태학적 유추 | 106

제8장 고생물계의 변천 단계
선캄브리아 영대 말의 변화 | 114
식물의 상륙 | 115
양서류의 상륙 시도 | 117
나자식물의 고지 점령 | 118
파충류의 군림 | 120
거구의 말로 | 122
피자식물과 포유류의 성공 | 125
포유류의 의의 | 127

제9장 척추동물의 진화
무악류 | 134
판피류 | 135
연골어류 | 136
경골어류 | 137
양서류 | 137
파충류 | 139
조류 | 142
포유류 | 142

제10장 온혈 공룡
공룡을 새로운 눈으로 보다 | 148
신속으로 판명 | 149
잡고 찢기에 알맞게 발달 | 150
새는 직계 후손 | 152
과학자들은 아직 해답을 찾고 있다 | 156

제11장 영장류, 유인원 그리고 인류
영장류의 특징 | 160
유인원의 진화 방향 | 161
인류의 진화적 위치와 방향 | 163
빙하시대의 역할 | 167

제12장 **선조를 찾아 어디까지** | 171

제13장 **한 지구과학자가 본 기술문명의 방향**
- 문명의 과특수화 | 182
- 우상이 된 시녀 | 184
- 고도 기술 사회 | 187
- 선택의 기준 | 190
- 영원한 자원 | 193

제14장 **대구에서 강릉까지 – 지각변동의 자취**
- 말하는 돌 | 198
- 지각변동의 고적 | 200
- 햇빛의 통조림 | 202
- 현재는 과거의 열쇠 | 203
- 암석과의 대화 | 204

제15장 **지각발달사관의 변천 – 해저 확장과 판구조론**
- 맨틀대류, 해적 확장 및 판구조론 | 211
- 지진, 화산 및 조산 운동 | 214

제16장 **한반도의 기원과 동해의 형성**
- 동해의 수수께끼 | 222
- 한반도의 윤곽과 황해 | 223
- 동해고륙 | 224
- 경상분지의 증언 | 226
- 한반도의 융기 | 227
- 현 동해의 형성 | 229

제17장 **지하수란 이름의 지하자원**
- 슬기로운 살림꾼 같은 지층 | 236
- 피압수 개발의 실례 | 238

제18장 **하나뿐인 지구의 자원**
- 화석 연료 | 244
- 금속 광물 자원 | 246

제19장 **석유의 지질학**
　　석유의 생성 | 252
　　석유의 산출 | 254
　　지질학자의 임무 | 255
　　지구물리학적 방법 | 256

제20장 **동중국해 동부의 지질발달사와 산유 전망**
　　3개 지층 단위 | 262
　　남해저의 시추 결과 | 263
　　지사와 해저지형 | 265
　　7광구 부근의 상황 | 266
　　생물질의 공급과 환원환경 | 267
　　지열의 공급 | 268
　　탄화수소류 보존의 조건 | 270

제21장 **지진, 한국의 지진**
　　지진의 원리 | 276
　　환태평양 지진 | 277
　　한국의 지진 | 278

제22장 **지질학자의 명문**
　　(1) 한스 클로스의 《지구와의 대화》에서 | 284
　　(2) 테야르 드 샤르댕의 《인간현상》에서 | 287

제23장 **지질학, 그 내용과 전망**
　　지질학은 젊다 | 296
　　지질학의 동향 | 297
　　지질학의 중심 분야 | 299
　　지질학의 방법 | 300
　　지질학의 분과 | 302
　　지질학의 장래 | 305

백설에 덮인 이 산봉우리는 히말라야산맥의 칸첸중가(Kanchenjunga)산이다. 세계 최고봉의 하나인 이 산(해발 8,600m)은 해저에 쌓여 생겨난 해성층으로 이뤄졌다. 약 9,000m를 솟아오른 것이다.

제1장

지질학사의 한 모습

嘗見高山有螺蚌殼或生石中 此石卽舊
日之土 螺蚌卽水中之物 下者却變而爲
高 柔者却變而爲剛

주자어류(朱子語類)

"높은 산에서 조개껍질을 본 일이 있는데 아마도 돌 속에서 나온 것 같다. 그 돌은 다름 아닌 옛날 흙이고 조개는 물속에 사는 생물인즉 낮은 데가 변해 높아졌고 연한 물질이 변해 단단하게 된 것이다."

(주자어류, A. D. 1200년)

주자는 이처럼 화석에 관한 사상 최초의 정확한 견해를 남겼으나 전승, 발전하지 못했다.

아리스토텔레스와 구약성서의 영향

그리스의 아리스토텔레스(Aristotle, B.C. 384~322)는 지질학의 발달을 지연시킨 데 책임이 큰 사람으로 손꼽힌다. 그는 실증적 근거가 없는 설명을 그의 저서 속에 많이 남겼는데, 특히 지질학적인 것에 관한 그의 설명이 그러했다.

그는 해와 별의 영향으로 암석이 생겨났다고 했으며, 암석 속에서 고기화석이 나오는 것을 보고 '고기가 땅속에서 움직이지 않은 채 살고 있다'라고 했다(De Respiratione). 그는 고기가 돌 속에서도 숨을 쉬며 산다고 생각했던 것이다. 또 그는 지진이 일어나는 이치를 다음과 같이 설명했다. 즉 지표의 어느 곳에서 땅속으로 공기가 한꺼번에 많이 흘러 들어갔다가 지하의 불 때문에 교란돼 공기 중으로 터져 나올 때 일어나는 진동이 지진이라는 것이다. 공기가 땅속으로 지나치게 많이 흘러 들어갈 때 대기 중에는 불이 우세해지므로 습기가 많고 가슴이 답답한 날씨가 되는데 이런 날씨는 지진이 일어날 징조라 하여 '지진일기(地震日氣)'라는 말을 만들어 내기도 했다.

이런 비과학적인 설명이 많이 들어 있는 아리스토텔레스의 저서와 그의 지식체계는 그리스에서뿐만 아니라 그 후 여러 세기 동안 유럽에서 압도적인 권위를 가졌다. 특히 그의 지식체계가 가톨릭교회의 교리와 결탁함에 따라 그 권위는 거의 절대적이었다.

지질학의 발달을 지연시킨 데 두 번째로 책임이 큰 것은 중세 그리스도교의 교리와 맹목적 신앙이었다. 구약성서의 기술이 문자 그대로 역사적 사실로 받아들여진 나머지 모든 자연현상의 설명을 성서에 있는 신화와 전설 속에서 찾으려는 노력이 성행했다.

「창세기」에는 천지창조 이후에 산 사람들의 나이(향년)가 적혀 있다. 그래서 중세학자들은 그 나이를 누적 계산해 천지창조는 약 6,000년 전에 있었다고 설명했고, 이것은 중세 사람들의 시간개념을 지배했다. 심지어 아일랜드의 대주교였던 어셔(James Ussher, 1581~1656) 같은 사람이 나타났는데, 그는 천지창조는 B.C. 4004년 10월 23일 저녁에 이루어졌다고 했고, 이 창조일자는 영어 성경 속에 주석으로 기입되기까지 했다.

18세기에 와서야 신비적 추측이나 명상에 의해서가 아니라 산 증거에 근거해서 자연을 해석하려는 기풍이 왕성하게 일어났으며, 현대 지질학의 토대도 이때 만들어졌다. 세베리누스(Severinus)라는 한 박물학자는 그의 제자들에게 이렇게 말했다고 전한다. "나의 제자들아……, 너희가 가진 책을 태워버리고, 가서 단단한 신을 사 가지고 산을 오르고 골짜기와 사막과 해변과 땅의 깊숙한 곳을 조사할지어다. 갖가지 종류의 광물을 찾고 그 성질을 기록하고, 그 기원을 상고하라. 그리고 석탄을 사고 용광로를 만들어 쉼 없이 관찰하고 실험할지니, 다른 아무런 방도로도 안 되나 다만 이렇게 함으로써 자연의 지식과 사물의 진수에 도달할 수 있느니라."

제일설과 천변지이설

1788년을 현대지질학의 기원으로 삼는다. 이 해에 《지구론》(Theory of the Earth)이라는 책이 스코틀랜드의 제임스 허턴(James Hutton, 1726~1797)에 의해 출판되었다. 여기서 그는 '현재는 과거의 열쇠다.'(The present is the key to the past)라는 말을 썼다. 그는 현재 지구상에서 일어나고 있는 일과 근본적으로 다를 바 없는 지질학적 과정과 자연법칙이 과거의 지구 역사를 지배했다는 견해를 이 표어 속에 담았던 것이다. 그가 주창한 이 가설을 제일설(uniformitarianism)이라고 부른다.

이 견해는 당연한 것처럼 들린다. 그러나 그 당시에는 충격적이고도 위험한 사상이었다. 왜냐하면 이는 구약성서에 있는 천지창조와 노아의 홍수 같은 이변을 부정하는 결과가 되기 때문이었다.

허턴은 현재 퇴적물이 쌓이는 느린 속도로 미루어 지각의 두꺼운 퇴적암층이 다 쌓이는 데는 한없이 긴 시간이 필요했으리라고 말했다. 그는 시간의 길이를 측정하려는 노력은 하지 않았으나 자기로서는 '시작의 흔적을 발견할 수 없다.'라고 했다. 이 때문에 그는 창조를 부인한다는 비난을 받았다.

허턴은 창조적 사고의 재능이 뛰어난 대신 그의 사상을 널리 펴는 데는 당시 어떤 박물학자들보다 재주가 모자란 듯하다. 그 때문만은 아니겠지만, 그의 제일설이 발표된 후에도 천변지이설(catastrophism)은 한동안 인기가 대단했다.

천변지이설을 주장한 사람 가운데서는 퀴비에(Georges Cuvier, 1769~1832)가 가장 유명하다. 그는 지층 속에서 나오는 여러 가지 화석이 현재의 생물과 매우 다르다는 사실에 큰 충격을 받았다. 이것을 설명하기 위해 지구상에는 과거 여러 차례에 걸쳐 신의 힘으로 천변지이가 일어나 그럴 때마다 대부분의 생물은 사멸하고 새로운 생물이 만들어졌다고 주장했다. 그는 마지막 천변지이가 노아의 홍수라고 했다. 그의 저서가 열광적인 인기를 받으며 판을 거듭하고 외국어로 번역된 이유의 하나는 그것이 노아의 홍수에 과학적 근거를 제공했다고 생각되었기 때문이다. 서유럽에는 빙하에 의해 운반된 자갈이 널리 분포하는데 그는 이것을 노아 홍수의 흔적이라고 했다. 화석은 그 홍수 때 묻힌 생물의 유해(遺骸)이며 화석이야말로 노아 홍수의 증거라는 것이다.

천변지이를 가정하면 큰 골짜기가 일조일석에 생겨나고 삽시간에 바다가 변하여 산이 될 수 있다. 그렇다는 것은 천변지이, 즉 천지개벽 때 산과 골짜기, 바다와 강이 지금의 모양대로 갑자기 생겨났고, 생물도 그때 만들어진 모양대로 오늘에 이르렀다는 말이 된다. 천변지이 식으로 자연을 보는 한 자연은 극히 제한된 역사밖에는 가지지 않는다.

자연계가 현재 지구상에서 경험하는 것과 같은 과정을 거쳐 현재의 상태에 이르기까지 발달돼 왔다고 볼 때 자연계는 이성으로 구명해 낼 수 있는 과거를 가진다. 즉 비로소 역사를 가지게 되는 것이다. 제일설은 지구 역사를 복원할 기초가 되었으며, 이 견해에 기초하여 비로소 자연은 긴 시간의 배경을 가지게 되었다.

지층의 누중과 동물군의 계승

지구 역사를 구명하는 데 있어서 가장 중요하고 또 초기부터 문제되었던 것은 퇴적암층이었다. 퇴적암은 묵은 지층 위에 새로운 지층이 퇴적돼 생겨난다. 따라서 두 지층 가운데 어느 것이 새로운 것인가를 알려면 어느 것이 위에 놓여 있는가를 보면 된다.

뒤에 '지층누중의 원리'(principle of superposition)라고 불리게 된 이 간단한 이치는 허턴 이전에 이미 착안한 사람들(스테노, 훅)이 있기는 했으나 허턴에 의해서 비로소 명확히 설명되고 충분히 강조되었다.

오늘날의 지식을 가지고 보면 지층누중이라는 당연한 이치가 무슨 그리 대단한 원리가 되겠느냐고 생각하기 쉽지만 그렇지 않다. 지층이 오늘날 우리가 알고 있듯이 한 겹 한 겹 오랜 세월을 두고 천천히 쌓여 생겨난 것으로 보지 않고, 노아의 홍수 같은 돌발적인 사건으로 한꺼번에 무더기로 생겨났다고 보던 당시의 상식으로서는 첩첩이 쌓인 지층에서 생성 순서라는 시간 관계를 찾는다는 것은 획기적인 발견이었다. 허턴 학설의 적수였던 당시의 대지질학자 베르너(Abraham Werner, 1750~1817)는 화강암과 화산암을 바다에서 침전된 암석으로 잘못 생각한 나머지 묵은 지층 사이나 위, 또는 심지어 아래에도 새로운 지층이 쌓인다는 결론에 이르렀던 것을 생각하면 지층누중의 원리가 얼마나 대견한 것이었던가를 알 수 있다.

베르너는 모든 암석을 다 수성퇴적암(水成堆積岩)으로 보는 오류를 범했으나 그의 정열과 재치 있는 해설은 제자들에게 그지없는 감동을 주어 그의 학설의 인기는 인물의 인기와 더불어 대단했다고 한다. 인기라는 점에 있어서도 베르너와는 대조적이었던 허턴은 베르너가 수성암이라고 하던 암석의 상당한 부분이 화성암이라는 것을 증명했다.

그런데 지층누중의 원리만 가지고는 좁은 지역의 지층의 상하관계를 알 수 있을 뿐이지 다른 지역 또는 다른 대륙의 지층과의 상하관계를 알 수는 없었다. 실제로 지층은 지구상에 몹시 산만하게 흩어져 있다. 그러므로 같은 시대의 지층끼리 연결하는 방법이 고안되지 않고서는 넓은 지역의 지질 조사 결과를 종합하는 것은 불가능했다.

지질 조사의 최초의 붐은 역시 베르너와 그 제자들에 의하여 일어났다. 그러나 그들은 퇴적암의 무기적 성질, 즉 암질을 너무 많이 믿었기 때문에 실패했다. 베르너는 어떤 암질은 어떤 시대를 가리킨다고 가르쳤다. 그들은 같은 암질을 따라가기만 하면 같은 시대의 지층을 따를 수 있다고 믿었다. 이것이 이른바 베르너의 원리(Wernerian principle)인데 이 원리에 의한 지질 조사는 오래지 않아 막다른 골목에 다다랐다. 왜냐하면 이는 좁은 지역의 조사에는 매우 편리하고 대체로 잘 맞는 원리였지만 넓은 지역을 조사하노라면 같은 시대의 지층일지라도 지역에 따라 암질이 아주 다를 수 있고, 한 지역에 있는 지층이 다른 곳에서는 없을 수도 있기 때문이었다.

넓은 지역의 지층의 비교연구가 비로소 가능하게 된 것은 화석을 이용할 줄 알게 되고서부터다. 시대가 다른 지층에서는 다른 종류의 화석이 나온다는 사실은 17세기 후반에 이미 스테노(Nicolaus Steno, 1638~1687)와 훅(Robert Hooke, 1635~1705)에 의하여 착안되었지만 19세기 초에 들어서서야 충분히 이해되었다.

영국의 윌리엄 스미스(William Smith, 1769~1839), 프랑스의 앞서 말한 퀴비에, 그리고 역시 프랑스의 브롱니아르(Alexandre Brongniart, 1770~1847)는 지층을 위 또는 아래로 따라가면 지층의 시대가 달라짐에 따라 지층 속에 들어 있는 화석 무리가 현저히 다른데 깊은 인상을 받고 이것을 중대한 사실로 다룬 사람들이었다. 이 사실은 나중에 동물군의 계승(faunal succession)이라고 불리게 되었다. 식물화석도 마찬가지이나 동물화석이 일반적으로 흔할 뿐 아니라 시대를 비교적 정확하게 가리키기 때문에 동물군을 주로 문제 삼는다. 지층의 시대에 따라 동물화석이 다를 뿐 아니라 같은 시대의 지층이면 지역적으로 아무리 멀리 떨어져 있어도 같은 시대의 지층끼리 연결할 수 있을 만큼 그 화석 내용이 특징적이고 일정한 것이 예사여서 화석으로 비로소 넓은 지역의 지층을 대비하고 체계화하는 것이 가능해진다.

이들 중 동물군 계승의 원리를 가장 잘 이용하여 큰 공적을 남긴 사람은 윌리엄 스미스였다. 그는 측량 기사였는데 당시 영국은 산업혁명이 진행 중이어서 운하와 도로공사가 많았다. 처음은 측량하는 기회를 틈타 지층을 연구했다. 학교는 초등학교밖에 못 나와 지질학 교육을 받은 일은 전혀 없었고, 당시의 지질학자들과는 교류가 없었지만, 이 때문에 오히려 그는 독자적으로 시작할 수 있었다. 차츰 지층연구가 본업이 되었으나 가산이 넉넉지 않아 책도 팔고 수집한 화석까지도 팔아야 했다. 그의 영국 지질도는 1815년에 출판되었는데 그 창의성과 정확성, 그리고 그의 정열과 엄청난 작업량을 보면 지금의 학자들도 놀라지 않을 수 없다.

퀴비에는 스미스와 동갑이었다. 그는 파리의 자연박물관에서 생물학 담당으로 일하면서 그 박물관의 광물학 교수인 브롱니아르와 협동하여 파리 부근의 지층의 순서와 그 속에 든 화석을 연구했다(1808년 발표). 후에 퀴비에는 척추동물 화석연구로, 브롱니아르는 식물화석의 연구로 이름을 남기게 되었다.

동물군 계승의 사실은 설명을 요하는 것이었다. 앞서 말한 바와 같이 퀴비에는 이것을 천변지이 때마다 생물이 거의 다 멸망하고 그 대신 새로운 생물이 창조되기 때문이라고 설명했다. 라마르크(Jean Baptiste Pierre Antoine Lamark, 1744~1829)의 진화론이 발표된 것은 퀴비에와 브롱니아르가 그들의 지층연구를 발표한 이듬해였다(1809). 퀴비에는 노력을 다해 라마르크의 진화론을 반박했다. 브롱니아르도 진화론을 반대했다. 스미스는 진화론에는 아랑곳없이 꾸준히 동물군 계승의 단순한 사실에만 의존하여 지질 조사를 수행했다.

찰스 다윈(Charles Darwin, 1809~1882)이 진화론을 발표하여 널리 인정받은 것은 19세기 후반이었으므로 유럽 지역의 지층을 조사해 층서체계(層序體系)를 이룬 것은 생물의 진화라는 개념 없이 된 것이다. 심지어 그 개념에 반대하는 사람들에 의해서 된 것이다. 씨를 심는 자가 있고, 추수하는 자는 따로 있다는 말이 있는데, 학문의 세계에서도 자료(data)를 모으는 사람이 따로 있고, 이론 또는 생각(아이디어)을 만들어 내는 사람이 따로 있는 일이 허다하다. 아이디어가 먼저 있고 자료가 나중에 수집돼 그 아이디어를 뒷받침하는 예도 많다. 아무튼 그때의 박물학자들은, 오늘날 우리가 보면 생물 진화의 가장 유력한 증거가 되는 자료를 수두룩하게 모았으면서도 그들이 가진 보물을 다 잘 알지는 못했다.

상대적 지질편년과 지층의 나이

18세기 후반에 접어들면서 이미 몇 사람(Lehman, Arduino, Füchsel)은 자기 나라에 분포하는 암석을 생성 시대별로 분류하려고 시도했다. 그러나 그것은 지층누중의 원리를 충분히 인식하기 이전이었다. 그들 각자는 시대를 달리한다고 생각되는 몇 묶음으로 암층을 나누었으나 나중에 밝혀진 대로 각 시대의 지층이 각 묶음 속에 다 들어 있었다. 이렇듯 거친 분류였지만 생성 시대별로 지층을 분류한다는 원칙을 확립한 것은 진일보였다.

오늘날 우리가 사용하는 지질시대 구분의 뼈대는 19세기 전반에 이루어졌다. 지질시대에 관한 지식은 지층으로부터 얻기 마련이므로 처음에 지층이 분류되었고, 그것에 기초하여 시간이 나누어졌다. 지층을 분류하는 기준은 암질과 화석, 그리고 지층과 지층 사이의 부정합관계다. 부정합이란 과거의 지각변동의 자취다.

지층은 크게 나누어 화석이 거의 나오지 않는 묵은 지층(선캄브리아기층)과 화석이 흔히 나오는 새로운 지층이 있다. 화석이 잘 나오는 지층을 만든 시대는 고생대, 중생대 및 신생대로 나뉜다. 고생대 말과 중생대 말에는 생물계 특히 동물계에 큰 변화가 있었기 때문에 그렇게 나눌 수 있다. 일반적으로 고생대는 삼엽충을 비롯한 바다의 무척추동물이 번성했고, 척추동물로서는 원시적인 어류가 특징적이다. 중생대는 암모나이트(Ammonites)와 파충류가, 신생대는 포유류가 특징적이다.

각 대는 다시 여러 기로 나누어진다. 고생대는 캄브리아기(紀), 오르도비스기, 실루리아기, 데본기, 석탄기 및 페름기로 나누어진다. 각 기 동안에 퇴적된 지층을 계(系)라고 한다. 예를 들면 데본기에 생긴 지층은 데본계다. 그러나 실제로는 데본계가 영국의 데본샤이어 지방에서 먼저 정해졌고, 그곳의 데본계를 표준삼아, 그것이 쌓인 시대가 데본기로 규정된 것이다.

지층연구가 먼저 발달한 곳이 유럽이므로 지층 분류도 큰 줄거리는 거기서 이루어졌다. 그 때문에 지층의 이름은 그곳 지명과 관계 있는 이름이 붙은 것이 많다. 캄브리아나 오르도비스는 영국 웨일즈에 살던 옛 종족의 이름이고, 페름은 러시아의 한 지명이다. 이름에서 지방색이 드러나는 바와 같이 유럽에서 규정된 지질시대의 구분인지라 전 세계에 완전히 잘 들어맞지는 않는다. 그러나 전 세계에 다 잘 들어맞는 완

그림 1-1 | 그림(위): 제임스 허턴. 오늘날 사용하고 있는 지질학의 여러 개념이 그의 자연관찰에 유래한다. 그림(아래): 허턴이 부정합의 뜻을 설명할 때 인용한 장소(스코틀랜드)인데 하위의 실루리아기층은 조산운동으로 인해 습곡돼 그림에서 보는 부분은 직립에 가까운 급경사를 이루고 있으며 그것이 침식당했던 지면(부정합면) 위에 상위의 데본기층이 퇴적되었다. 그 후에도 습곡작용을 겪었으므로 데본기층도 완만한 지층 경사를 가지고 있다.

전한 지질시대의 구분이란 있을 수 없다는 것이 차츰 알려지게 되었다. 현재 사용하고 있는 지질시대 표는 현재로서는 최선의 것이고 앞으로도 수정된다면 지엽적인 것에 한할 것이다.

지금까지 우리는 그때가 지금으로부터 몇 년 전인지에 관해서는 일체 언급치 않고 지질시대를 이야기해 왔다. 지질시대에 일어난 모든 사건은 실제로 절대연대를 아는 방법이 고안되기 이전에 지질시대의 시간표 속에서 제자리를 찾을 수 있었다. 이것을 상대적 지질편년(relative geochronology)이라고 한다. 실로 지구의 역사는 지질시대 사건들의 선후 순서만 알고도 거의 완전히 엮을 수 있었다.

그러나 지질시대의 길이와 지질시대에 일어난 사건의 햇수를 아는 것은 지질학자들의 오랜 소원이었다. 특히 지구의 나이를 알아내는 것이 그렇다. 제일설과 생물 진화를 인정한 학자들은 시간의 한계가 무한히 먼 곳에 있다는 것을 잘 알고 있었다. 그리고 그 절댓값을 계산하려는 노력이 약간의 성과를 보인 적도 있었다. 예를 들면 영국의 물리학자 켈빈 경(William Thomson, Kelvin, 1824~1907)은 1862년에서 1897년까지 여러 편의 논문을 통해 지구가 생성되던 때의 용융상태에서부터 차츰 굳어져 현재와 같이 냉각되려면 2,000만 년 내지 4,000만 년이 걸렸을 것이라고 발표했다.

그 밖에도 어떤 사람은 바닷물에 녹아 있는 염분이 현재와 같은 농도를 가지려면 1억 년이 요한다는 계산을 했다. 어떤 사람은 현재 지층이 퇴적되는 속도를 가지고 모든 시대의 지층의 두께를 나누어 본 결과

1억 6천만 년이란 수치를 얻었다. 그러나 1895년 퀴리 부인(Pierre and Marie Curie)가 발견한 방사능의 이용으로 그전의 모든 시도는 무색해졌고 지구 연령에 관한 과거의 그림은 싹 바뀌었다.

암석 속에는 우라늄, 토륨, 칼륨 같은 방사성원소가 측정 가능할 만큼 들어 있다. 그리고 이 원소들은 생성 이후 끊임없이 일정한 속도로 붕괴돼 다른 원소로 변화해 간다. 방사성원소의 종류에 따라 그 붕괴 속도가 일러져 있기 때문에 본래의 원소와 붕괴돼 생성된 원소와의 비율을 정밀하게 측정하기만 하면 그 붕괴에 소요된 시간을 유도해 낼 수 있다.

예를 들어 U^{238}의 한 덩어리가 붕괴돼 그 반이 납(鉛)으로 변화하는 데는 약 45억 년이 걸린다. 즉 U^{238}의 반감기(half life)는 약 45억 년이다. 그렇기 때문에 만일 어떤 암석을 분석한 결과 U^{238}의 양과 그것으로부터 붕괴돼 생긴 납 동위원소 $Pb2^{06}$의 양이 똑같으면 그 암석은 45억 년 전에 생성된 것임을 알 수 있다.

20세기에 들어와서 이와 같은 원리에 입각한 여러 가지 방법이 고안돼 각 암층의 생성연대와 각 지질시대의 기간의 길이가 알려졌다. 보다 오래된 암석을 자꾸만 찾아 올라가는 추구가 진행되었다. 지구 생성의 최근의 학설에서 출발하여 과학자들은 지구의 연령이 50억 년쯤 되는 것으로 추정하고 있다. 왜냐하면 지구나 운석 모천체(母天體)가 내부 성권 구조를 완성한 시기는 약 46억 년 전이라는 방사능 연령치를 얻었기 때문이다.

신생대	제4기		현세(홀로세) 5,000년 전
			플라이스토세
			2myBp.
	제3기	신	플라이오세 — 7
			마이오세 — 26
		고	올리고세 — 38
			에오세 — 54
			팔레오세 — 65
중생대	백악기		
			— 136
	주라기		
			— 190
	트라이아스기		
			— 225
고생대	페름기		
			— 280
	석탄기		
			— 345
	데본기		
			— 395
	실루르기		
			— 435
	오르도비스기		
			— 500
	캄브리아기		
			— 570
선캄브리아영대			
			대략 4,600

그림 1-2 | 현재 사용하고 있는 지질시대 구분. 백수십 년간의 수정, 보충 끝에 주로 화석 내용과 지층의 신·구 관계에 근거하여 '상대적지질편년'이 이룩된 뒤, 방사능 절대 연령 측정법이 발명돼 지질시대를 대략으로나마 햇수로 나타낼 수 있게 되었다. 그림의 숫자는 각 시대가 '현재로부터 몇백만 전'=myBP(million years before present)에 시작되었는지를 나타낸다.

맺는말

이리하여 우리는 시간의 시작이 6,000년 이상을 거슬러 올라가지 못한다고 하던 답답한 암흑시대와는 아주 딴판인 시간개념의 세계에 살고 있다. 우리는 까마득히 먼 시간의 지평선을 바라보면서 광활한 시간 속에서 생각의 바퀴를 굴려가고 있다. 끈덕지게 저항하는 육중한 시간의 베일을 한 겹 한 겹 빗겨 밀리 지평선 너머로 후퇴시켰다. 우리는 광활한 시간의 영토를 가지게 되었다. 이 시간의 개척은 지질학사의 중요한 모습이다. 천문학의 역사를 공간개척의 역사로 볼 수 있다면 지질학의 역사는 시간개척의 역사다.

제2장

암석의 방사능 연령

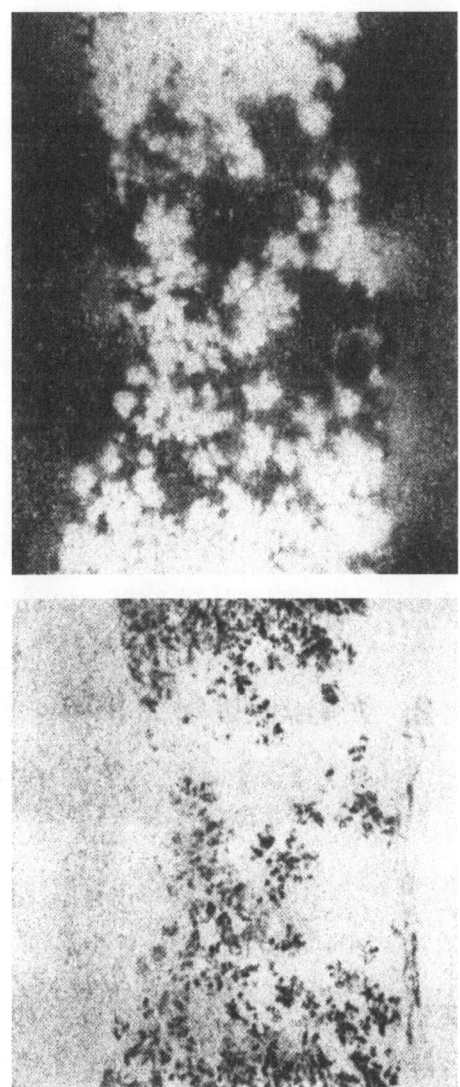

우라늄 광물(아래 그림의 검은 부분)은 사진 필름에 남기는(위 그림) 인상을 보고 그 방사능을 알 수 있다.

방사능

1896년 프랑스의 물리학자 베크렐(Henri Becquerel, 1852~1908)은 우라늄 화합물이 눈에 안 보이는 광선을 낸다는 사실을 발견했다. 검은 종이에 싸서 서랍 속에 넣어 둔 인화지에 현상을 남긴 것을 보고 이 비가시광선의 존재를 알게 된 것이다. 젊은 연구원이었던 퀴리 부인은 이 획기적인 발견을 이어받아 다른 여러 가지 원소에 대해서도 비가시광선의 방출현상이 있는지 시험하다가 토륨이 그렇다는 것을 발견하고 이 새로운 현상을 방사능(radioactivity)이라고 이름 지었다.

또 러더퍼드(Ernest Rutherford, 1871~1937)는 방사선에는 세 종류가 있음을 발견하고 알파(α)선, 베타(β)선 및 감마(γ)선이라고 불렀다. α선은 붕괴되는 원자핵에서 튀어나오는 헬륨원자핵(두 개의 양성자와 두 개의 중성자)임이 알려졌다. 튀어나오는 α선의 속도는 초당 수천 km이며 그 입자의 충격 때문에 열이 발생한다. α선의 입자가 +전기를 띠는데 반하여 β선의 입자는 -전기를 띤다. β선의 속도는 α선보다 더욱 빠르다. β선의 입자는 곧 전자라는 것이 알려졌으나 이는 핵 주위의 궤도를 도는 전자가 아니라 핵 속에서 나오는 전자다. 방사성원자의 핵의 중성자 한 개는 한 개의 전자(-)를 내쏘는 즉시 한 개의 양성자(+)가 된다. 가선은 파장이 매우 짧은 X선과 같은 것이다. 그 속도는 빛과 같다.

한 라듐 원자핵이 헬륨핵(즉, α입자)을 잃으면 이미 라듐이 아니라 라돈이라는 기체가 된다. 라돈도 방사성이며, 헬륨을 잃으면 다시 다른 방

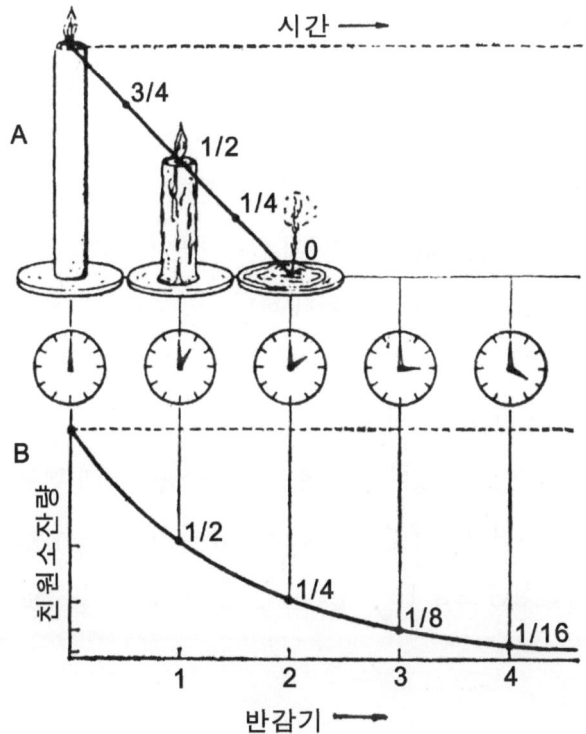

그림 2-1 | 위쪽 그림(A)은 일상생활에서 흔히 볼 수 있는 직선적인 변화의 한 예다. 초 한 자루의 수명이 2시간일 경우 촛불을 켜고 1시간 후면 그 반이 타버리고 다시 1시간 후면 초는 다 타버린다(사람의 목숨도 마찬가지다. 그 때문에 죽음이 있다). 그러나 방사성원소가 변화하는 모습은 아래쪽 그림(B)과 같이 나타낼 수 있다. 어미원소가 변화하여 그 반량이 딸원소가 되는 데 드는 시간을 반감기라 하는데 방사성원소의 종류에 따라 반감기의 길이는 다르다. 일정 기간이 지난 후 반밖에 남지 않은 어미원소의 잔량은 다시 반감기가 지난 뒤면 반의 반이 남고, 다시 반감기가 지나면 반의 반의 반이 남는다(만일 사람의 목숨도 이처럼 변한다면 영원히 목숨이 남아 있게 될 것이다).

사성원소가 된다. 이러한 변환이 대를 거듭할 때마다 어느 때는 헬륨핵(α입자)을, 다른 때는 핵전자(β입자)를 잃고 마침내 이 변환계열에는 끝이 난다. 마지막에 남은 안정된 원소는 다름 아닌 납(鉛)의 한 동위원소다.

라듐은 1622년이 지나면 그 반이 딸원소(daughter element)로 전환하고 반량만 남는다. 이 기간을 반감기라고 한다. 따라서 만일 라듐이 다른 무엇에서부터 끊임없이 생겨나지 않는다면 전 세계의 라듐 공급량은 맨 처음 그것이 아무리 막대하다 하더라도 벌써 오래전에 없어지고 말았을 것이다. 실제로 라듐은 우라늄에서 나온 방사성원소로서 끊임없이 생겨나고 있음이 일찍 발견되었다. 우라늄의 거의 전부는 두 동위원소 U^{238}과 U^{235}로 돼 있다. 이들은 그 최종산물인 납과 헬륨 말고는 모두 방사능을 가진 원소계열의 조상이다. 납 동위원소로서 끝나는 다른 한 계열의 조상은 토륨 Th^{232}이다.

방사능 시계

앞에 말한 원자 전환의 결과는 다음과 같이 요약할 수 있다.

$$U^{238} \rightarrow Pb^{206} + 8He^4$$
$$U^{235} \rightarrow Pb^{207} + 7He^4$$
$$Th^{232} \rightarrow Pb^{208} + 6He^4$$

우라늄광물(그중 피치블렌드가 가장 중요하다) 수종은 토륨을 전혀 함유하지 않거나 약간밖에 함유하지 않는다. 그러나 대부분의 방사성광물은 우라늄과 함께 토륨도 함유하므로, 앞에 적은 세 가지 납 동위원소가 한 광물 속에 쌓이기 마련이다. 상품으로 팔리는 보통의 납은 앞의 세 가지 납 동위원소의 복합체이며, 거기다 Pb^{204}라는 제4의 납 동위원소도 들어 있는데 이는 방사능 붕괴로 생긴 것이 아니다. 지질시대 동안 다른 납 동위원소들은 계속 증가해 왔으나 Pb^{204}만은 그 양이 불변이다. 만일 방사성광물의 납 속에 Pb^{204}가 들어 있으면 그것은 그 광물이 결정될 때 있었던 본래 성분으로서의 납의 양을 의미하기 때문에 그 양을 납의 전량에서 감산해야만 광물의 생존기간에 생겨난 납의 양이 나온다.

　방사성광물이란 일반적으로 상당한 양의 우라늄이나 토륨 또는 양자 모두 함유하는 광물을 뜻한다. 그 밖에 몇 종류의 자연산 원소가 방사능 어미원소임이 알려졌으나 이들 가운데 다만 칼륨(K)과 루비듐(Rb)만이 암석 연령 측정상 중요하다. 사실 이들은 특수한 가치를 지니고 있다. 왜냐하면 이들은 흔히 함께 칼륨장석(長石)과 운모(雲母)와 같은 흔한 광물과 해록석(海綠石)이라는 묘한 광물 속에 들어 있기 때문이다. 해록석이란 천해저(淺海底)에서 생기는 녹색 광물로 칼륨과 철의 수화규산염이다. 오늘날 대륙붕과 대륙사면 여러 곳에 퇴적돼 있는 녹색 모래와 녹색 펄의 짙은 녹색은 이 광물 때문에 생긴다. 해록석은 선캄브리아 때 이후의 함화석 퇴적층에 흔히 들어 있는데 이는 그것이 해저에서 생긴 후에 흘러간 시간의 길이를 잘 기록하고 있다. 루비듐 방법에 의한 연령 측정은 칼륨에 의한 것보다 신뢰도가 높다.

루비듐의 방사성동위원소(Rb^{87})의 붕괴 과정은 매우 단순하다. Rb^{87} 원자가 붕괴될 때는 그 핵에서 β입자가 방출된다. 즉 핵 속의 중성자가 양성자가 되는 것이다. 질량번호는 그대로 유지되나 원자번호는 37(루비듐)에서 38(스트론튬)로 증가한다.

$$Rb^{87} - \beta = Sr^{87}$$

칼륨의 방사능은 더 복잡하다. 방사성동위원소는 K^{40}인데 붕괴되는 원자 가운데 약 89%(Rb^{87}이 Sr^{87}이 되듯이)는 각 원자핵에서 입자를 내놓고 Ca^{40}으로 전환되며 본래 원자번호 19이던 것이 20이 된다.

$$K^{40} - \beta = Ca^{40}$$

보통의 칼슘은 매우 흔한 원소이며 대부분이 Ca^{40}이므로 칼륨으로부터 유래해 추가되는 Ca^{40}의 양은 바다에 빗방울이 내리는 데 불과하여 측정이 거의 불가능하다. 그러므로 이 전환은 연령 측정에 이용할 수 없다.

그러나 나머지 11%의 K^{40}원자는, 말하자면 반대 과정을 밟는다. 각 원자핵은 궤도의 전자 한 개를 붙들어 양성자는 중성자가 되고 원자번호는 19에서 18(아르곤의 원자번호)이 된다. 이를 전자포획(electron capture)이라 한다. 이 전환은 광물의 절대연령을 측정하는 데 널리 사용할 수 있다.

$$K^{40}+e^{-1}=A^{40}$$

앞에 말한 전환 과정 가운데 우라늄 동위원소와 토륨에서 나온 헬륨은 연령 측정에서는 극히 제한된 가치밖에 없다. 왜냐하면 헬륨은 가벼운 기체로서 그 일부는 발생한 광물 속에서 확산을 통해 소실되기 때문이다. 아르곤도 기체지만 훨씬 무겁다. 따라서 헬륨보다는 새어 나가기 어렵다. 그러나 이도 역시 소실되는 경향이 있고, 특히 장석으로부터는 소실이 쉽다. 이 때문에 아르곤법에 의한 시대 측정치의 다수는 다른 방법으로 검토해 보면 다소 낮다는 것이 드러나곤 한다.

방사능 시계를 읽는 법

어떤 단위 시간(1초라든지 또는 1년이라든지) 동안에 붕괴되는 원자의 수 n은 분석하려고 하는 시료 속에 들어 있는 방사성원소의 원자의 수 N에 정비례한다. 중요한 점은 붕괴 속도는 원자가 존재하던 시간의 길이와는 상관이 없다는 것이다. 나이가 많아질수록 죽을 기회가 많은 인간과는 달리 방사성동위원소의 원자는 그 붕괴율이 그 나이에 관계없

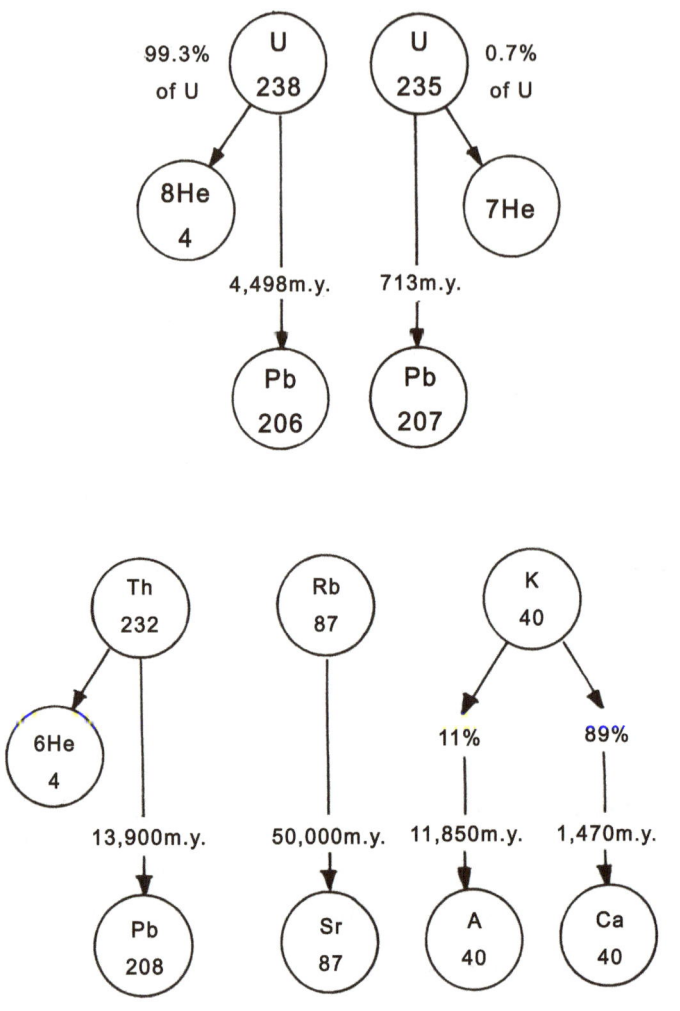

그림 2-2 | 방사능 연령 측정에 이용되는 다섯 가지 어미 동위원소. 그들의 반감기(백만 년 =m.y.)및 최종산물.

이 일정하다. 방사성 붕괴는 어미 원자의 핵만 관계되기 때문에 그 속도는 압력, 온도, 화학결합력과 같은 물리적, 화학적 조건의 영향을 받지 않는다. 그 붕괴율의 일정함은 순수하게 통계적인 것이다. 분수 n/N을 붕괴정수(decay constant)라고 부르며, λ라는 기호를 쓴다.

$$붕괴율\ \lambda = \frac{단위\ 시간\ 동안의\ 붕괴원자\ 수(n)}{시료\ 중의\ 방사성원자\ 수(N)}$$

라듐의 λ는 연간 0.0004273이다. 즉, 라듐원자 1,000만 개(N)가운데서 매년 붕괴되는 수는 4,273(n)이다. 일반적으로 본래의 원자 수가 반으로 감소하는 데 요하는 시간, 즉 반감기 τ를 생각하는 편이 쉽다. τ는 항상 $0.693/\lambda$이다. 따라서 라듐의 반감기는 1,622년이다. 아직도 세계에 많은 양의 우라늄이 남아 있다는 사실은 우라늄 동위원소의 반감기가 라듐의 반감기보다 엄청나게 길다는 것을 뜻한다. 유의할 점은 U^{238}의 반감기는 대략 지각의 연령과 같다는 사실이다. 말하자면 44억 8백만 년(U^{238}의 τ) 전 세계에는 현재보다 배가 되는 U^{238}이 있었다.

방사능연대를 계산하는 일반 공식에 관하여 간략히 고찰하면 다음과 같다. 광물의 연령이 t인, 즉 년 t전에 결정된 광물의 한 표품 속에 현재 들어 있는 어미 동위원소의 원자의 수를 Np라고 하자. Np는 시간 t동안에 표품 속에 생겨난 최종산물(딸동위원소)의 원자의 수다.

Np와 Nd는 표품을 분석하여 알 수 있으나 문제는 분석 결과를 가지

고 t값을 어떻게 계산해 내느냐 하는 것이다. 이를 위해서는 t와 어미원소의 붕괴율(즉 붕괴정수)을 연관시키는 등식이 필요하다. 러더퍼드와 소디(Frederick Soddy, 1877~1956)의 방사능 붕괴의 기본 법칙에 기초하여 광물결정 시 표품 속에 본래 들어 있던 원자의 수는 $Np^{e\lambda t}$로 표현할 수 있는데, e는 네이피어로그(Naperian logarithms)의 기수(base)다. 그래서 다음과 같은 등식이 성립된다.

$$Np^{e\lambda t} - Np = Nd$$

이는 다음과 같이 약할 수 있다.

$$e^{\lambda t} = 1 + \frac{Nd}{Np}$$

이 등식의 양쪽에 네이피어로그를 취하면

$$\lambda t = \log^{e}\left(1 + \frac{Nd}{Np}\right)$$

가 되고, 보통의 대수로 전환시키면

$$t = \left(\frac{2.303}{\lambda}\right) \times \log_{10}\left(1 + \frac{Nd}{Np}\right)$$

가 되며, 반감기 로 표현하면

$$t = 3.323\tau \times \log_{10}\left(1 + \frac{Nd}{Np}\right)$$

가 된다.

가령 우라늄광이나 함루비듐장석 또는 운모를 함유하는 거정화강암의 연령은 λ나 τ 대신에 해당하는 값을 대치함으로써, 그리고 Nd/Np에 해당하는 적절한 값을 대치함으로써 다섯 가지 독립적인 방법으로 측정할 수 있다. 다섯 가지란 〈그림 2-2〉에 있는 바와 같이 Pb^{206}/U^{238}, Pb^{207}/U^{235}, Pb^{208}/Th^{232}, Sr^{87}/Rb^{87} 및 $A^{40}/(K^{40}$의 11%)이다.

t의 값은 Pb^{207}/Pb^{206}의 율로도 얻을 수 있다. 이는 U^{235}가 U^{238}보다 6배 이상이나 빨리 붕괴된다는 사실에 기초하고 있다. 따라서 태고를 돌이켜 보면 광물이 오래될수록 U^{235}의 당초 함유량이 많았을 것이라는 것과 시간의 경과에 따라 광물 속에 생겨난 Pb^{207}의 양이 많아졌을 것이라는 것은 쉽게 이해할 수 있다. Pb^{207}/Pb^{206}의 율은 광물의 연령에 따라 증가한다.

제3장

지구의 초기사

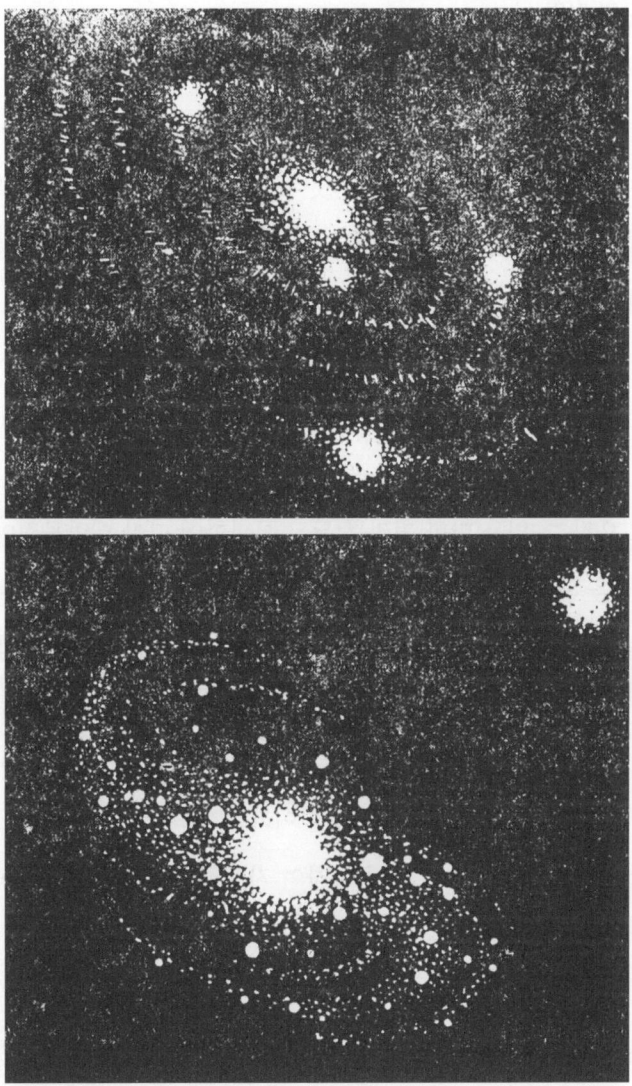

태양계 형성에 관한 두 가지 계통의 설명. 하나는 성운설과 그 계열의 설명(위쪽 그림)이고 다른 하나는 미행성설(아래쪽 그림)이다.

지구의 기원

챔벌린(Thomas Chrowder Chamberlin, 1843~1928)과 몰턴(Forest Ray Moulton, 1873~1952)은 두 항성이 엇비스듬히 충돌했을 때 마치 부싯돌에서 불똥이 튀기듯이 미행성(planetesimals)의 떼가 생겨 그 떼가 저온의 상태에서 뭉쳐 행성들이 생겨났다고 설명했다.

그 후 이 설을 수정하여 진스(James Hopwood Jeans, 1877~1946)(1916년 발표)와 제프리스(Harold Jeffreys, 1891~1989)(1924년 발표)는 두 항성의 충돌 대신에 가까운 접근을 전제로 하고 어떤 항성이 태양에 조석을 일으킬 수 있을 만한 거리를 두고 통과함에 따라 태양물질이 떨어져 나가 응축돼 고온상태에서 행성들이 생겨났다고 설명했다.

이들의 공통점은 태양의 기원에 관한 설명 없이 태초에 태양이 있었다는 전제 하에 태양에서 유래하여, 다시 말하면 태양을 어미로 하여 태양계라는 가족이 생겨났다고 보는 점이다. 이 설은 확률이 극히 낮은 항성의 충돌이나 충돌에 가까운 접근이라는 거의 가망 없는 전제에 기초하고 있다. 또 행성들이 어떻게 하여 자전하게 되었는지를 설명하지 못한다(각운동량의 문제).

챔벌린과 몰턴이 생각한 미행성들은 이들을 뭉쳐줄 가스상의 매질을 가지고 있지 않으므로 마치 현재 화성과 목성 사이에 있는 소행성들(asteroids, planetoids)이 서로 충돌하여 깨지기는 하지만 뭉쳐지지는 않는 것과 마찬가지로 결코 행성을 이루지는 못할 것이다. 또한 진스와 제프리스의 조석설의 경우는 태양물질이 태양에서 분리되었다면 처음에는 매우 높은 온도를 가졌을 것이므로 광압에 의해 흩어질지언정 결코 행성으로 뭉쳐질 수는 없었을 것이다.

20세기 전반에 걸쳐 특히 조석설의 유행은 대단했다. 왜냐하면 그 때로서는 그것이 최신학설인 데다가 그 내용이 사람들의 흥미와 상상력을 자극하는 극적인 에피소드를 골자로 하고 있었고 진스를 포함한 많은 저자가 대중과학의 붐을 타고 그것을 널리 소개했기 때문이다. 지질학자들도 지구가 작열하는 불덩어리로부터 시작했다는 가정에 의하면 지구 내부의 고온과 밀도성층(density stratification), 그리고 최고기암(기반누층)이 보이는 심한 변형 같은 현상이 쉽게 설명되었기 때문에 일반적으로 조석설을 받아들였다.

이보다 훨씬 앞서 18세기 후반에 칸트(Immanuel Kant, 1724~1804)와 라플라스(Pierre Simon Laplace, 1749~1827)는 성운설로 알려진 태양계 기원론을 발표했다. 칸트는 현 태양계의 범위에 걸쳐 회전하는 성운(먼지와 가스로 된 구름)이 있었는데 그 중심부는 태양이 되고 태양 주위의 작은 구름뭉치들은 행성이 되었다는 견해를 최초로 발표했다. 이 견해를 계승한 라플라스는 현 태양계 범위 이상의 회전하는 성운이 중력의 작용으로 수축하는 동안 중심부는 태양이 되고 그 주위에는 성운물질로 된 고리들이 생겼다가 각각의 고리가 뭉쳐 행성이 되었다고 설명했다.

라플라스는 태양계 형성의 과정을 보다 이론적으로 전개하기는 했으나 그 때문에 오히려 많은 약점을 갖게 되었다. 즉 수축하는 성운으로부터 라플라스가 생각한 고리들이 생겨날 수 없다는 것이 알려졌을 뿐만 아니라, 생겨난다 하더라도 뭉쳐서 행성을 만들 수 없다는 것은 현재 화성-목성 간의 소행성의 고리가 집합하여 행성이 되지 못하는 것만 봐도 알 수 있다. 그러나 만일 칸트와 라플라스에게 200년 이상이 지난 오늘날 우리가 가지고 있는 과학적 지식과 자료를 줬더라면 그들은 태양계 기원에 관한 최신 이론에 가장 가까운 설명을 했을 것이다. 왜냐하면 최신 학설의 출발점은 대체로 성운설의 그것과 같기 때문이다. 특히 칸트의 가설은 가장 온당한 것이었다고 유리(Harold Urey, 1893~1981)는 말하고 있다.

과거의 지식으로는 텅 비어 있다고 생각된 항성 간의 공간에 엄청난 양의 현미경적 물체와 기체가 있다는 사실이 근래 알려졌는데 신성운설(新星雲說)이라 불릴만한 태양계 기원론은 이 지식에 기초한다. 항성 간 공간은 지구상에서 만들 수 있는 최선의 진공보다 더 순수한 진공이지만 그래도 그 속에 흩어져 있는 먼지와 기체의 총 질량은 항성들로 뭉쳐져 있는 부분의 그것과 맞먹는다는 계산이 나와 있다. 그리고 이 성간물질은 군데군데 밀집돼 구름을 만들고 있는데 현재에도 이러한 먼지구름으로부터 항성이 형성되고 있다는 유력한 증거가 제시된 바 있다(Blaauw, 1952).

먼지구름설(dust cloud theory)로 알려진 이 신성운설의 계보는 독일의 천문학자 바이츠재커(Carl Friedrich von Weizsäcker, 1912~2007)로부터 시작된다. 그에 의하면(1944) 태양이 그 역사의 초기에 먼지와 가스로 된 성운을 그 주위에 끌어들였고 그것은 납작한 접시 모양이 되었다가 나중에 여러 개의 소용돌이로 갈라져 행성이 되었다는 것이다. 시카고 대학의 천문학자 카이퍼(Gerard Peter Kuiper, 1905~1973)(1951년 발표)는 바이츠재커의 생각을 수정하여 훨씬 타당한 이론을 구성했다. 그는 바이츠재커의 규칙적인 크기의 소용돌이 대신 불규칙적인, 그러나 태양으로부터 멀어질수록 크기가 증가하는 소용돌이를 가상했다. 소용돌이가 서로 충돌하여 합쳐 현재의 행성들의 각 궤도에 각 한 개씩의 원행성(原行星, protoplanet)이 생겨났다. 원행성들은 매우 커서 처음은 서로 거의 스칠 정도였다. 이들은 충분한 질량을 가졌기 때문에 태양의 기조력(起潮力)에 대해서도 안정을 지킬 수 있다가 마침내 행성이 되었으며, 또 태양의 기조력에 의해 각 행성은 공전과 같은 방향의 자전을 하게 되었다. 처음에는 공전과 자전의 주기가 같았다가 기체 부분을 잃음에 따라 자전의 주기가 짧아졌다.

화학자 유리는 카이퍼의 발표 이후 물리·화학적 증거를 가지고 카이퍼의 천문학적 이론을 보충하여 꾸준한 일련의 발표를 거쳐 보다 타당성 있는 학설을 구성하여 오늘에 이르렀다. 유리는 그의 태양계 기원에 관한 설명을 다음과 같이 요약했다.

은하계 우주의 초기에 먼지와 가스의 수많은 구름덩이들이 응축되기 시작하여 마침내 많은 행성이 이루어졌다. 태양이 그중 하나다. 미처 응축에 참여 못한 먼지구름의 찌꺼기가 태양과 충돌하여 일부는 태양에 흡수되고 나머지는 바이츠재커와 카이퍼가 생각한 대로 태양 주위에 태양계의 범위에 걸친 구름접시(disk)를 이루었다. 이 구름접시는 중력불안정(gravitational instability)으로 인하여 달보다 큰 덩어리(protoasteroids, protolunars)들로 쪼개졌다가 마침내 저온에서 엉켜 달 크기의 단단한 덩어리 소행성이 되었다. 이들이 서로 충돌하고 또 그것들을 둘러싼 기체의 보자기와 부딪침에 따라 원시행성이 형성되었다. 이 단계의 행성이 가진 기체와 증발된 규산염(암석의 주성분)은 태양의 광압에 밀려 공간 속으로 떠나가 버렸다. 이 무렵, 현재의 지구와 달의 범위에서 운동하던 작은 물체(미행성)들이 무수히 있었는데, 이들은 소행성이 부딪쳐 (원시행성이 되지 못하고) 파괴된 것들이다. 이 미행성이 쌓여 지구를 이루었다. 지구에 미처 흡수되지 못한 작은 물체들은 지금의 달의 모체가 된 어떤 큰 물체에 사로잡혀 달이 된 것으로 보인다. 화성의 달이나 소행성도 이런 식으로 생성된 것으로 추정된다. 지구가 형성되는 동안 지구의 온도는 2~300℃ 이하였을 것으로 생각하고 있다.

고체 지구의 초기사와 지구 연령

지구가 싸늘하게 식은 상태에서 출발했다면 어찌하여 지구 내부에 고열이 생겨났는가? 초기 지구에 열을 공급한 요소로서 다음과 같은 것을 생각할 수 있다. (1) 태양계 성운이 가지고 있던 열에너지, (2) 지구를 만든 고체 알갱이들의 위치 및 기계적 에너지에서 전환된 열에너지, (3)

저온에서 안정이 유지되고 있던 화합물이 가진 화학적 에너지의 방출, (4) 처음 저밀도이던 물질이 다져짐에 따라 생겨나는 에너지 및 (5) 방사능 에너지가 그것이다.

이 중 첫째 요소는 지구가 저온에서 생성된 이상 무시할 만하다. 둘째 요소는 지구가 커 갈수록 고체 알갱이의 충격 속도가 커지므로 후기의 어느 단계에 가서는 지표 온도를 고온으로 만드는 데 크게 이바지했을 것이다. 그러나 마지막 단계에는 충격이 거의 없어지므로 중요치 않다. 셋째 요소는 둘째 요소가 지구를 가열했을 때 방출돼 충격 에너지와 합세하여 다소 지표 열에 보태졌을 것이다. 넷째 요소는 지구가 성장해감에 따라 지구 내부에 많은 압축 가열(compressional heating)을 일으켜 지구 중심부에 고온을 일으킬 수 있다. 지구 집적 이후의 지구 내부의 주요 열원은 방사성원소가 내놓는 방사능 에너지다. 평균 콘드라이트운석은 미분화된 균일체였을 때 지구의 표본이 될 수 있는데 그 평균 방사능은 현무암의 수백분의 1이다. 맥도날드(MacDonald, 1959)는 콘드라이트의 방사능 값에 근거하여, 지표 아래 400~500km의 지구 내부가 철의 녹는점에 달하려면 지구가 생겨난 뒤 6억 년이 걸렸을 것이라고 산출했다. 지구사 초기에 달은 지구와 매우 가까운 거리(지구 직경의 수배)에 있었다는 학설이 있는데, 그렇다면 달의 기조력으로 인해 지구 내부에 생기는 마찰열을 생각할 수 있다고 하지만 방사성열원에 비하면 크게 중요하지 않다. 루비노바(Lubinova, 1958)는 충격, 방사능 및 압축 가열이 지구를 1,200℃까지 데웠을 것이라고 계산했다. 버치

(Birch, 1965)는 지구로부터 방출되는 에너지가 지구로 반사돼 돌아오는 경우를 생각하지 않는 한 1,000℃ 이상이 될 수 없을 것이라고 한다. 이는 뜨겁다기보다 덥다고 표현할 정도의 온도다.

지구 내부의 구조를 통해서 지구의 열 역사를 읽을 수 있다. 지구 구조의 주 양상은 지구핵과 맨틀(mantle)인데 그 크기와 성질은 지구물리학 및 지구화학적 연구에 의하여 매우 정확하게 알려져 있다. 핵은 지구 전 질량의 약 3분의 1, 맨틀은 약 3분의 2를 점한다. 핵과 맨틀의 주성분이 각각 철과 규산염 (암석)이리라는 추측은 운석의 성분에 기초하는데, 최근의 지진파 속도의 연구는 이를 크게 뒷받침하고 있다. 핵과 맨틀의 화학성분이 아주 다르다는 사실은 지구의 진화를 논의하는 데 중요한 출발점이 된다.

지구핵의 성립에 관하여 엘세서(Elsasser, 1963)는 방사능열로 인해 용융된 철이 처음 지구 내부의 비교적 얕은 곳에 지구와 동심원적인 한 개의 층을 이루었다가 그다음에는 그 층의 한쪽에 몰려 마침내 지구 중심부로 가라앉았으리라는 설을 발표했다. 이런 운동이 시작되면 중력 에너지가 열 에너지화함으로써 지구 내부의 온도를 2,000℃ 상승시킬 만한 막대한 열이 생겨 지구 중심부의 온도는 4,000~5,000℃에 달했을 것이라 한다(Birch, 1965). 이처럼 지구핵의 성립은 비교적 짧은 시기에 이루어진 것이며, 지금으로부터 약 50억 년 전의 일로 생각되고 있다. 지구핵의 성립은 지구 질량의 3분의 1에 해당하는 물질이 지구 중심으로 이동하는 동시에 그보다 가벼운 물질이 위로 떠서 맨틀을 만든 것이므로, 지구의 구성을 개조하는 대사건이었다. 시간이 지남에 따라 방사성물질이 많이 소모되었을 때 이르러서야 지표 가까이에는 두껍고 비교적 안정된 암권(岩圈)이 형성되었을 것이다. 지구의 외각 부분을 제외하고는 지구의 내부 온도는 이때부터 현재에 이르기까지 큰 변화가 없었을 것으로 보인다. 그러나 그때부터 지구 내부의 온도가 다소 저하되었음을 암시하는 것은 지구핵의 내핵(inner core)이 지진파의 탐색에 의하면 고체화돼 있다는 점이다. 지구는 내부의 고온에도 불구하고 고압으로 인해 그 맨틀이 완전한 용융상태에 이른 적은 없다. 지진파의 연구에 따르면 맨틀 하부는 녹는점이 극히 높은 Mg, Si, Fe의 산화물이 매우 높은 밀도를 가진 고압상을 이룬다. 지구핵이 성립될 때 녹는점이 낮은 부분은 녹아 상승하여 맨틀 상부와 중부를 이루었으며 이때 방사성물질은 상부로 집중되었다가 마지막엔 지각 형성과 더불어 지각에 집중되었다.

운석의 가장 오래된 연령 측정값은 47억 년이다. 이때가 지구의 어느 시기에 해당하는지 확실하게 알 수 없으나, 47억 년의 연령을 보이는 운석들이 석질(石質)과 철질(鐵質)로 나뉘어 있음을 보아 이때 이미 운석의 모체인 행성은 석질운석과 운철(隕鐵)로 분리되는 과정을 겪은 뒤임을 알 수 있다. 지구의 형성 시기는 이보다 한 5억 년은 더 빠를 것이라고 보면 지구의 연령은 약 52억 년이 된다. 호일(Fred Hoyle, 1915~2001)은 태양이 맨 처음 75%의 수소를 가지고 있었다고 전제하고 현재의 태양이 가진 헬륨이 수소로부터 전환돼 나오기에는 53억 년

이 걸린다고 계산하여 태양(과 은하계 우주)의 연령을 53억 년으로 추정했다. 또한 태양의 맨 처음 광도(luminosity)가 현재의 약 0.7배라 가정하면 현재와 같은 밝기를 가지려면 약 53억 년 걸린다는 계산이 나온다고 한다.

선캄브리아 영대의 생물

남아프리카의 바버턴(Barberton) 근처에 분포된 픽 트리(Fig Tree) 통(統)(절대연령 값 31억 년)은 대단히 주목할 만한 지층이다. 이 가운데에는 탄소를 많이 함유하고 있는 검은 빛깔의 처트(SiO_2의 침전물)가 들어 있는데 그 속에서 청록조(靑綠藻)로 보이는 구상체와 박테리아를 닮은 막대 모양의 세포가 발견되었다. 스트로마톨라이트(stromatolite)는 주로 청록조가 만든 독특한 퇴적구조로서 석회조(石灰藻)상이 쌓이고 쌓여 된 것이다. 스트로마톨라이트는 청록조의 군거(群居)의 증거가 되는데 선캄브리아 지층에서는 흔히 스트로마톨라이트가 발견된다. 가장 오래된 스트로마톨라이트는 로디지아(Rhodesia)의 불라와요(Bulawayo) 부근에서 발견된 것으로 27억 년의 절대연령 값을 나타냈다. 청록조는 광합성 작용을 하는 생물이므로 이때 이미 광합성 작용이 있었던 것으로 생각된다. 19억 년 전의 건플린트층(캐나다, 온타리오주)의 흑색 처트에서는 여러 가지 화석이 많이 나왔는데 그 가운데는 확인할 수 있는 여러 가지 청록조와 박테리아가 들어 있었다. 이들의 대부분은 광합성을 했다고 추정된다. 대기 중의 산소는 식물이 광합성 작용을 통해 만들어 낸 것이라 생각되므로 광합성이 언제부터 진행되었느냐 하는 문제는 대단히 중요하다.

오스트레일리아의 비터 스프링스층(10억 년 전)에서는 선캄브리아 지층에서 나온 것 가운데 가장 풍부하고 가장 잘 보존된 식물이 산출되었다. 30종의 미식물(微植物)이 여기서 기재되었는데, 그 대부분은 청록조와 박테리아지만 가장 특기할 만한 것은 분명한 핵을 가진 녹조가 발견된 사실이다. 생물은 뚜렷한 세포핵을 가져야만 고등한 생식 방법인 유성생식을 할 수 있으므로 핵의 기원이 언제부터인가 하는 문제는 대단히 중요하다.

동물이 살았다는 기록은 선캄브리아기의 말기 지층에서야 나타난다. 오스트레일리아의 유명한 에디아카라(Ediacara) 동물군이 그 대표적인 예다. 이는 해파리, 바다조름속, 지렁이등속, 기타 소속을 알 수 없는 동물들로 구성되었는데 모두가 연한 몸을 가진 것이 특기할 만한 일이다. 에디아카라 동물군은 캄브리아기 초기 동물군이 나온 층위보다 약 200m 아래에서 나왔으며 그 절대연령은 약 6억 8천만 년 전으로 측정된다. 시대도 비슷하고 구성원도 유사한 동물군이 시베리아, 영국, 그리고 남아프리카에서도 산출되었다.

제4장

지구와 달의 발달사 비교

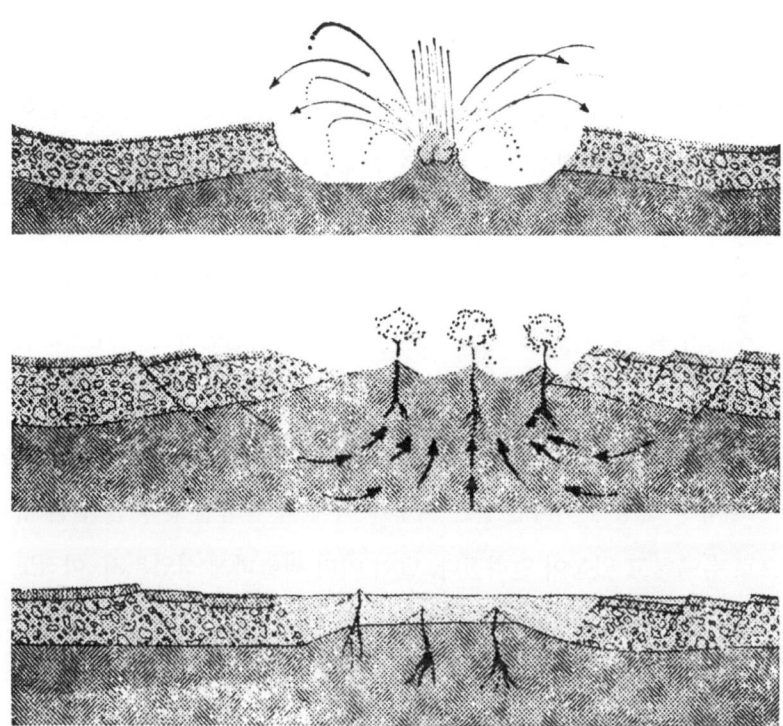

달 표면의 메어(Mare, 복수는 Maria)의 기원. 큰 운석의 충격으로 분지가 생긴다(위쪽 그림). 충격 열이 지하의 암석을 용융시켜 화산활동을 일으키거나, 충격 때문에 생긴 금이 지하 깊이 이르러 그것을 타고 용융물질이 올라온다(가운데 그림). 분지는 용암으로 채워진다(아래쪽 그림).

비교 개요

지구는 비교적 얇고 더운(溫) 활동성이 있는(mobile) 지각을 가지고 있는 데 비해 달은 두껍고 단단하며 상당히 냉각된 지각을 가지고 있음이 알려졌다. 그래서 달의 지각에는 지각변동이 없고, 지구상에서 흔히 볼 수 있는 보통의 변성암은 찾아볼 수 없음도 알려졌다.

측정 결과 달에도 지진활동이 있으나 그것은 매우 미약하다는 것이 알려졌다. 달이 지구와 가장 접근했을 때 지구와의 인력 때문에 월진(달의 지진)이 일어나고 있고, 간혹 운석 충격 때문에 월진이 일어나기도 한다는 것이다. 지진의 대부분은 지구 맨틀의 대류와 관련이 있는데 달에는 맨틀대류가 없다.

열류량 측정에 의하면 달은 지구에 비해 약 반밖에 안 되는 열을 밖으로 유출하고 있음이 알려졌다. 달이 이미 싸늘하게 식었는지, 아직도 더운지 의문이 있어 왔는데 이 열류량은 달이 아직 다소 덥다는 것을 알려줬다. 그러나 월각(달 지각)이 보내는 열류는 그 근원이 달의 얇은 외각(특히 함칼리움 현무암)에 집중돼 있는 방사능물질 때문으로 생각하고 있다. 그 이하에는 열원이 없어 지구의 약권(asthenosphere)에 비교할만한 유동성 권층의 형성이 없고, 이 때문에 지구가 보이는 것 같은 암권의 운동과 판구조 운동이 달에는 일어나지 않는다.

측정 결과 달의 자기장은 매우 미약하다. 이는 달이 지구가 가진 것 같은 뚜렷하고 큰 철·니켈질 핵을 가지지 않고 있음을 말해준다.

달에는 물이 없기 때문에 침식작용이 일어나지 못하며 수성퇴적암이 생겨날 수 없다. 극히 희박한 대기권밖에 없고 그 산소량은 무시할 만하여 암석에 풍화작용을 거의 일으키지 않는 것으로 알려져 있다.

지구에는 수권(水圈)과 기권(氣圈)이 있는 덕분에 생물의 발달이 있어 왔으나 달에는 생물의 발달이 없었다.

지구와 달은 함께 행성 성운의 응축 결과 약 46억 년 전에 형성 완료되었다고 보는 것이 현재의 정설이다. 그처럼 출발이 같았었다고 들을수록 진화사적 상이점이 부각된다.

체적과 에너지

지진파 연구로 지구는 핵, 맨틀 및 지각의 확연한 성권구조(成圈構造)를 가지고 있음이 알려졌다. 운석은 철질운석과 석질운석으로 대별되며 철질운석은 지구의 핵물질과 비교되고, 석질운석은 지구의 맨틀 물질과 비교된다. 운석들의 절대연령치는 약 46억 년(최고 47억 년 전의 것도 있다)이다. 그렇다는 것은 그 운석들의 모천체가 형성된 것은 그보다 전이고 그 천체에 성권분화가 일어난 시기가 46억 내지 47억 년 전임을 알려주는 것이다. 지구와 운석모천체가 다 함께 행성 성운의 응축 결과 형성된 것이라면 지구 성권현상의 완료연령도 약 46억 년 전이 된다.

달의 지진파(월진파) 연구 결과 달은 고체인 지구가 가지는 것 같은 확연한 권(핵, 맨틀, 약권, 암권, 지각)은 없다는 것이 알려졌다. 이러한 차이의 근본 원인은 지구는 그 체적(體積)이 크다는 데 있다. 지구는 응축과 물질 첨가에 따른 중력 및 충격 에너지에 더하여 방사능물질의 발열량도 커서 초기에 일단 전 지구가 용융상태에 들어갈 수 있었기 때문에 성권현상이 이루어졌으나, 달은 체적이 적어 그만한 에너지를 축적할 수 없어서 핵과 맨틀의 분화마저 불완전하게 일어났다고 해석된다.

충격변성작용

달의 고지에 분포하는 암석 가운데는 장석을 많이 가진 현정질암(주로 anorthosite, 즉 회장암)이 많이 분포 하는데 이들은 상당히 오래된 연령치를 보인다(42억 년 내지 45억 년 전). 특기할 만하게도 이들 연령의 대부분은 운석의 충격에 기인하는 충격 변성작용의 연령으로 해석하고 있다. 달의 형성 이후 약 4억 년 동안 장석질 심성암의 정출작용과 충격변성작용이 거듭했을 것이다. 이때의 운석 충격 자국은 남지 않았다. 충격 에너지로 인하여 지하 150내지 200km의 외각은 용융상태로 들어갔으리라는 계산이 나온다고 한다. 그 외각 범위 내에서 회장암, 현무암 등의 분화작용이 일어나고 있었으나 지구 외각이 겪은 것 같은 화강암질(sial질) 대륙 지각의 형성에까지 이르지는 못하고 불완전한 분화로 끝났다.

충격 에너지의 축적으로 인한 외각 용융은 약 41억 년 전에 끝나 이

때 월각이 형성된 결과 그 후의 운석 충격 자국이 달에 남게 되었다. 지구의 고체 지각 형성은 이보다 늦어 38억 년 전경에 이루어지기 시작한 것 같다. 지구 최고의 화성암, 변성암 연령은 약 38억 년 전이다.

지구 형성 47억 년 전부터 최고(最古) 암석 38억 년 전까지는 현재 지구 외각이 가진 것보다 약 5배에 달하는 방사능물질과 운석 충격의 에너지 때문에 가열돼 지각에는 끊임없이 반복되는 화성활동(화산활동과 심성 또는 관입작용)이 있어 유동적 지각이었기 때문에 그때의 운석 자국도 남지 않았다. 또 그 기간 중의 결정 연령은 마지막 지각 고화(固化) 때의 연령으로 재조정되기 때문에 지구 최고의 암석 연령이 현재까지 38억 년의 값밖에 얻어지지 않는 것으로 생각된다.

달의 고지 암석 가운데 칼륨과 인을 가진 현무암의 연령은 운석 충격 변성 결과 38억 년 내지 41억 년 전의 값을 보여주는 것이 많지만 그 암석들의 정출작용의 최고 연령은 45억 년 내지 46억 년 전임을 나타낸다(이로써 이들 현무암이 화성암으로 처음 형성된 것은 달 고지의 장석질 현정질암과 더불어 달의 응축 직후의 외각 분화작용 때의 산물로 해석된다).

중첩된 원상 자국들

지구는 형성 후 약 7억 년간이 가장 활발한 화산활동의 시기였고 그 후 차츰 쇠퇴한 데 반해 달은 37억 년 전부터 30억 년 전까지가 가장 활발한 화산활동 기간임이 알려졌다. 달의 저지(메어 또는 마리아)에 많이 분포하는 무거운 철·티탄(Fe-Ti) 현무암이 이 연령치를 보여주는 것이다. 이 현무암 마그마(magma)는 달 상부 맨틀이 오랫동안 축적된 방사능 에너지로 인해 부분적으로 용융돼 운석 충격 시 열극을 따라 분출하여 낮은 땅에 용암으로서 고인 것이다. 약 30억 년 전 이 화산활동도 멎어 달은 그 후 점차 식어가는 과정을 거치고 있고 내인적 지질활동은 멈춰 현재에 이르고 있다.

달 표면에 보이는 중첩 된 원상 자국들은 (1) 월각 형성(41억 년 전) 직후 생긴 운석 충격 자국과 (2) 그 이후 화산활동 기간 중의 분화구 그리고 (3) 화산활동 정지 후 현재까지의 운석 충격 자국들이다. 이 자국들은 달에 풍화와 침식이 없으므로 중첩된 사건의 흔적이 그대로 남아 있다.

지구는 행운아

이에 비하면 지구는 수권과 지권을 가지게 되어 풍화와 침식작용이 있으므로 운석 자국이 대개 지워져 버렸다.

달 속의 에너지가 달에 지질 운동을 일으키기에는 부족한 데 비해 지구는 충분한 에너지를 보유해 왔다. 가장 중요한 열원은 지각에 농집된 방사능원소다. 지구 초기부터 방사능물질을 비교적 많이 농집한 결과, 지각의 분화가 이루어졌고 비중이 가벼운 화강암질 대륙 지각의 형성과 부화(富化)가 현재까지 진행되어 왔다. 달에는 화강암질 대륙 지각의 형성 과정이 없었다. 만일 지구에 대륙이 없었더라면 생물 진화의 방향은 어떠했을까? 대륙은 척추동물 진화(사람의 진화 포함)의 발판이요, 무대다. 해저 확장과 대륙 이동, 그리고 조산 운동과 조륙 운동은 생물 진화의 요람이었다. 태양 에너지마저 적절히 이용할 수 있는 지구라는 이름의 다행스러운 양지에서 생물 진화의 행운이 전개되어 온 것이다.

제5장

대기 산소와 오존층의 기원

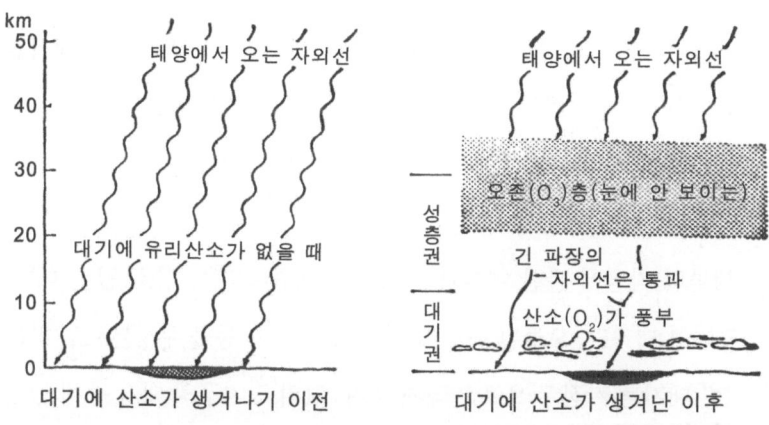

대기 중에 산소가 쌓여 감에 따라 성층권(stratosphere)에서는 산소원자와 산소분자가 결합하여 오존층(육안으로 볼 수 없음)을 형성했다. 위의 두 그림은 대기에 산소가 생겨나기 이전과 이후(오른쪽)를 비교한 것이다. 대기에 유리(遊離)산소가 없을 때는 태양에서 오는 자외선이 그대로 지표에 도달하여 (그중 파장이 짧은 자외선은 생물의 세포를 파괴하므로) 생물이 살 수 없는 환경을 만든다. 대기 위쪽에 오존층이 있을 때(현재 와 같이)는 파장이 짧은 자외선은 오존층에 흡수되어 버리고 생물에 해를 미치지 않는 긴 파장의 자외선만 지표에 도달한다.

대기 산소의 기원

1924년 러시아의 생화학자 오파린은 원시 지구의 대기 속에 있던 암모니아, 메탄, 수소 등이 번개와 자외선의 에너지를 받아 원시 바다 속에서 아미노산으로 결합하고 이들이 마침내 엉켜 원시적 세포가 되었을 것이라는 설을 발표했다. 그로부터 약 30년 후 화학 전공 대학원 학생이었던 미국의 S. L. 밀러는 실험 장치를 만들어 암모니아가스, 메탄가스, 수증기 및 수소의 혼합체에 전기 스파크를 일으켜 아미노산을 합성시키는 데 성공했다.

생물의 기원에 관한 이론과 실험의 중요한 전제는 산소 없는 대기, 즉 환원형 대기다. 오늘날 목성이 메탄, 암모니아 등을 주성분으로 하는 환원형 대기를 가진 것으로 알려져 있다. 그리고 지구의 대기 중에 있는 산소는 모두 식물의 탄소동화작용으로 생겨났다는 것이 알려졌다.

대기권의 역사를 설명할 때는 흔히 목성과 지구를 비교한다. 목성은 수소와 헬륨을 주성분으로 가지고 있지만 지구에는 수소와 헬륨의 양이 매우 적다. 그 까닭은 목성은 체적이 크고 따라서 중력이 크기 때문에 가벼운 수소와 헬륨도 붙들고 있을 수 있었지만 지구는 체적이 작고 따라서 중력도 약하여 이 가벼운 원소들은 모두 놓치고 말았다는 것이다. 또 하나는 지구 대기에는 산소가 있는데 목성의 기권에는 그것이 없다는 점이다.

목성에 유리 산소가 없다는 사실은 본래 지구에도 그것이 없었으리

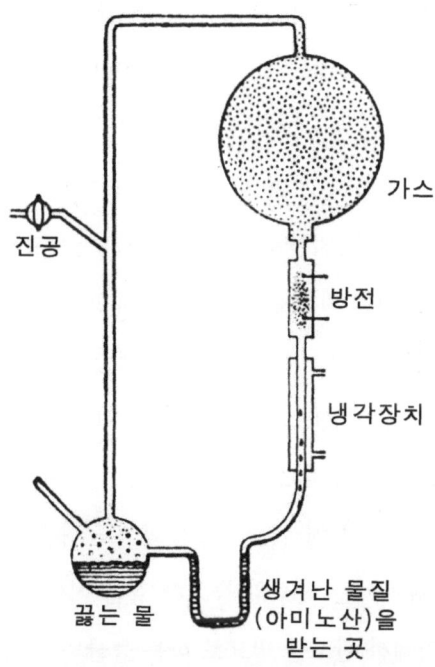

그림 5-1 | 밀러의 실험 장치. 메탄(CH_4), 암모니아(NH_3), 수증기(H_2O), 수소(H_2)를 방전(전기) 속으로 통과시켰더니 아미노산이 검출됐다.

라는 생각을 뒷받침한다.

근래의 연구 결과로는 지구가 형성 완료된 시기는 지금으로부터 약 46억 년 전이다. 그 후 언제 생물이 생겨났는지는 알 수 없으나, 32억 년 전 지층 속에서 남조(청록조)와 박테리아의 화석이 발견되었다. 남조는 탄소동화작용을 하는 까닭에 맨 처음에는 이들이 만든 산소가 얕은 바다의 물속에 용해된 채 점차 산소량이 증가해 갔을 것으로 생각된다.

19억 년 이전의 지층에서는 세계 도처에서 호상철광층이 발견되는데 이는 처트와 적철광이 교대로 쌓여서 된 것이다. 적철광은 철과 산소가 결합한 것이므로 그 산소가 어디서 왔느냐가 문제가 된다. 육지의 암석이 침식을 받을 때 암석 속의 철분도 가루가 되어 바다로 떠내려가는데, 대기 중에는 산소가 없고 바닷물 속에는 산소가 있으므로 철분이 바다에 이르러서야 산화를 받아 적철광이 되어 해저에 퇴적됐다고 추정된다.

19억 년 전 이후의 지층에서는 흔히 적색층(붉은 빛깔의 퇴적암)이 발견된다. 이는 대기 중에 산소가 충분해야 생기는 암석이므로 19억 년 전쯤에는 지구 대기 중에 다소의 산소가 쌓이기 시작했음을 알 수 있다. 약 10억 년 전의 지층에서는 녹조의 화석도 나온다. 남조와 녹조가 떼를 지어 살던 해저에는 산소의 농도가 짙은 이른바 '산소 오아시스'가 생겨나고 거기에서 산소를 필요로 하는 동물의 초기 진화가 이뤄졌을 것이다. 10억 년 내지 12억 년 전 지층에서 지렁이 흔적 화석이 더러 나오는데 이것이 가장 오래된 동물화석이며 모두가 산소가 부족한 환경에서 살던 것들이다.

산소와 다세포동물의 기원

한때 호주의 에디아카라언덕의 지층에서 다세포동물의 화석이 발견되어 큰 화제가 되었었는데, 그 후 세계 각 처에서 대략 같은 층위에서 같은 성격의 동물군, 즉 에디아카라 동물군이 속속 발견되었다. 최근의 연구 결과 그 시대는 6억 년 내지 6.4억 년 전이다. 에디아카라 동물군은 주로 해파리류와 지렁이류 기타 마디발동물로 구성되는데 이들은 모두 무르고 연한 몸을 가졌으며 굳은 껍질을 가지지 않았다. 이러한 다세포동물이 생존하는 데는 최소한 현재의 1 내지 3%에 달하는 산소량이 필요했으리라 보고 있다.

그런데 이들은 모두 그 생활환경이 수 10m보다 깊은 바닷물 밑이다. 아직 오존층이 이루어져 있지 않아 마구 침투하는 자외선을 막을 물의 덮개가 필요해서 그러했다고 해석된다.

지금으로부터 5.7억 년 전쯤에는 여러 무척추동물이 자외선의 침투로부터 몸을 보호해 줄 기틴질 또는 석회질 껍질을 만들어 내기에 이르러 이들은 아주 얕은 바다에도 살 수 있게 되었다. 육상에 식물이 살게 되자 대기 중의 산소량은 급증하게 됐다.

대기 오존층의 기원과 위기

대기 중에 산소가 쌓여 가다가 마침내 성층권에도 산소가 쌓였을 때 자외선 에너지를 받으면 보통산소는 갈라져 발생기산소가 되고 발생기산소는 보통산소와 결합하여 오존이 된다. 기나긴 지질시대가 경과한 다음에야 대기층 상부에 충분한 오존층이 생겼다. 오존층이 있어야 태양으로부터의 자외선이 차단되어 지표 어디에서나 생물이 살 수 있다.

　근래 인류의 활동이 오존층을 파괴해 가는 결과가 되어 환경파괴의 대표적인 예가 되고 있다. 냉장고의 냉각제, 성층권을 나는 초음속 비행기의 배기가스, 그리고 질소 비료 사용 결과 생겨나는 산화질소 등이 오존층을 파괴하고 있는 것으로 알려졌는데, 최근에는 에어컨의 연무제로 사용되는 불화탄소가 큰 문제가 되고 있다. 미국과 학원이 작성한 연구보고서는 현재의 수준으로 불화탄소가 사용될 경우 서기 2000년까지 성층권 상부의 오존층의 약 16%가 파괴될 것이라고 한다. 오존층 파괴 가 가져오는 자외선 침투로 인한 치명적 결과 중 대표적인 것은 피부암의 발생으로 알려져 있다. 오존층이 1% 감소함에 따라 피부암은 4%씩 증가한다고 하며, 현재 사용하는 대로 불화수소를 사용해 가면 앞으로 20년간 매년 5~7%의 사용 증가가 있을 것이라고 한다. 그 결과 서기 2000년까지 피부암 환자를 200% 이상이나 증가시킬 것이라 하니 놀랍고 무서운 일이다.

제6장

화석의 보존 조건과 종류

호박(송진화석)속에 섬세하게 보존된 곤충의 화석.

화석화의 요건

생물은 몸을 지탱하고 방어할 필요에 따라 갖가지 껍질과 뼈를 가지게 되었다. 가장 보편적인 골각(骨殼)의 재료는 주로 칼슘의 탄산염(탄산칼슘)과 인산염(인산칼슘)이다. 식물의 지탱물로서 가장 흔한 것은 셀룰로스(cellulose)로 된 목조직(木組織)이다. 수서(水棲)식물인 말 따위(조류) 가운데는 탄산칼슘을 분비하는 종류가 많다.

생물이 이러한 굳은 물질을 가지지 않았더라면 생물의 기록은 거의 전무할 것이다. 근육, 피부, 살, 연골 등 연한 부분은 세균의 작용으로 빨리 분해되고 만다. 굳은 부분도 세균의 침해를 받기는 하지만 연한 부분에 비하면 매우 천천히 분해하므로 화석으로 보존될 기회가 있다. 그러므로 굳은 부분, 즉 골각을 가진다는 것은 화석으로 남게 되기 위한 가장 중요한 조건이다.

그러나 굳은 부분을 가진 생물도 극히 소수만이 화석으로 남게 되며, 연한 부분만을 가진 생물도 아주 좋은 조건에서는 화석으로 보존된다. 굳은 부분을 가진 생물이거나 못 가진 생물을 막론하고 그들에게 공통된 화석화의 요건 가운데 가장 중요한 것은 빨리 묻혀 파괴를 피한다는 점이다.

산소는 가장 보편적이고 가장 활발한 원소다. 육지의 생물은 죽으면 곧 대기 중의 산소에 의하여 화학적으로 침해받기 시작한다. 그뿐만 아니라 대기 중은 산소의 공급이 가장 충분한 환경이므로 세균의 활동도 일반적으로 활발하다. 죽은 생물체를 먹어치우는 생물은 세균뿐이 아니다. 육식류(predator)와 부식류는 시체를 파괴해 버리는 데 큰 몫을 차지한다. 생물에 의한 파괴작용은 육지에서와 마찬가지로 바다에서도 일어난다.

생물이 죽은 다음에 받는 기계적인 파괴작용도 무시할 수 없다. 나뭇잎이나 척추동물의 시체가 유수(流水)에 떠내려가는 동안에 당하는 파괴작용은 홍수가 일어나는 때이면 흔히 관찰할 수 있다. 해변의 물결이나 파도의 힘 때문에 생물체가 닳고 부서지고 찢어지고 흩어져 버리는 것도 바닷가에 가면 관찰할 수 있다.

이와 같은 대기에 의한, 생물에 의한, 그리고 기계적 힘에 의한 파괴작용을 면하려면 빨리 퇴적물 속에 묻히는 것이 무엇보다 긴요하다. 육지생물은 먼 거리를 운반되어 가서야 퇴적물 속에 묻히는 것이 일반적이다. 그러나 바다생물은 죽은 그 자리에서, 또는 짧은 운반을 거쳐 묻히는 것이 보통이다.

다시 말하면 바다생물은 빨리 묻힐 기회가 훨씬 많다-이것이 육지생물에 비해 바다생물의 화석이 훨씬 흔한 이유의 하나다.

아무리 빨리 묻힌다 하더라도 산화와 세균의 작용을 받으면 보존되지 못한다. 그러므로 환원환경이나 밀봉된 매질 속에 묻히지 않으면 안 된다는 점이 화석화의 셋째 요건이다.

해저의 어떤 부분이나 늪(소택지)은 정체하는 환원환경을 이룬다. 이곳에는 물결이나 해류가 미치지 않아 산소의 공급이 차단된다. 산소가 없으면 보통의 세균은 살지 못하며 산소를 필요로 하는 어떤 저서생물(底棲生物)도 살지 못한다.

이런 곳은 산소와 생물과 기계적인 힘에 의한 파괴작용이 극히 제한되어 있는 환경이다. 이런 곳에 죽은 생물이 흘러들어오면 가장 이상적으로 화석화된다. 산 생물이 들어오면 곧 죽어 버리고 만다.

이러한 환원환경에서는 흑색이암이 퇴적되며 그 속에는 잘 보존된 화석이 많다. 반드시 이러한 완전한 환원환경이 아니더라도 해저는 일반적으로 산소의 공급이 부족한 환경을 이룬다. 두꺼운 해수의 뚜껑은 산소의 자유로운 공급을 차단하는 구실을 하기 때문이다. 구류(具類)를 위시한 저서동물이 가장 흔한 화석 무리인 까닭의 하나가 이것이다. 요컨대 화석화에 유리한 매질 속에 묻힌다는 것은 산소로부터의 밀봉을 의미한다. 가는 알갱이의 퇴적물일수록 밀봉 효과가 크다. 적당한 매질의 특수한 예로서는 이탄층(泥炭層), 화산회, 회암, 사막의 건조한 공기와 먼지, 한대(寒帶)의 동토(凍土)와 얼음, 호박(송진의 화석), 아스팔트 등이 있다.

사막의 건조한 공기는 시체의 수분을 빨리 뽑아버려서 자연 미라를 만드는 일이 있다. 송진이나 고무의 화석을 호박이라 하는데, 송진이나 고무에 곤충이 든 채 화석이 된 호박이 더러 발견된다. 시베리아의 얼음 틈에 빠져서 냉동된 매머드도 유명한 예이지만 로스앤젤레스 부근 란초 라 브레아(Lancho La Brea)의 아스팔트 웅덩이에서 발굴된 척추동물의 화석들은 가장 완전히 보존된 화석 무리의 하나다. 이 웅덩이 속에는 거대한 매머드, 무시무시한 칼날 이빨을 가진 고양이, 큰 콘도르

(Condor)로부터 몸집이 작은 쥐, 새, 곤충에 이르기까지 플라이스토세 후기의 갖가지 동물이 빠져 있었다. 이 끈적끈적한 죽음의 웅덩이 속에 한 마리 한 마리씩 끌려 들어가는 것을 아무도 본 사람은 없으나 발이 빠져 헤어나지 못하고 있는 동물을 잡아먹기 위해 칼날이빨을 가진 고양이가 달려들었다가 또 발이 묶이곤 했던 것을 상상할 수 있다. 이들을 뜯어 먹으려고 내려앉았던 까마귀가 또 발이 빠졌을 것이다. 이 화석들은 지금 로스앤젤레스의 자연사박물관에 전시되어 있다. 이 란초라 브레아의 타르 웅덩이 이외에도 세계의 몇 군데서 화석을 가진 타르 웅덩이가 발견되었다.

연질부의 보존

가장 희귀한 화석은 특별한 호조건(好條件) 하에서만 생겨난다. 언 흙, 얼음, 기름 스민 흙, 아스팔트, 송진, 고무, 사막의 공기 등이 매질이다.

냉동과 자연 미라가 대표적인 예인데, 저온이나 수분이 없는 곳에서는 세균이 번식할 수 없기 때문에 변질되지 않은 채 보존된다.

어느 경우에도 연한 부분과 더불어 굳은 부분도 그대로 보존됨은 물론이다. 시베리아의 툰드라지대의 얼음 틈에서 냉동된 채 발견되는 매머드나 코뿔소(rhinoceros)는 흥미진진한 이야기감이다. 동부 시베리아의 베레소브카(Beresovka) 하곡(河谷)의 언 땅에 코끼리의 머리뼈가 노출되어 있다는 소문을 접한 미국과학아카데미(National Academy of Science)는 곧 탐험대를 파견했다(1901). 발굴하고 보니 그것은 털 있는 매머드(woolly mammoth)였는데 그 〈암적색〉 살점을 탐험대가 데리고 간 개들에게 던져 줬더니 맛있게 뜯어먹더라는 것이다. 화석이 놓여 있는 상황으로 보아 얼음 틈에 빠졌던 것이 분명하며 갈빗대, 엉덩이뼈, 어깨뼈가 부러져 있고 가슴에는 피가 나 있었으며 입에는 미쳐 못 삼킨 먹이가 들어 있는 것으로 미루어 보아 갑작스런 죽음이라는 것과 치명상을 입었던 것을 알 수 있다. 아마도 실족하여 얼음 틈으로 떨어졌을 것이며 이때 얼음 이 무너져서 뼈를 다치지 않았나 생각된다. 이 매머드 종은 제4기의 마지막 빙기 동안에 북반구 유라시아와 북아메리카에 널리 분포하여 살던 것이다.

경질부의 보존

광물질이나 그밖에 세균의 침해를 받지 않은 유기물질로 된 골각은 연한 부분이 썩거나 분해되고 난 후에도 남아서 화석이 된다. 이런 화석은 과연 어디까지가 화석인지 문제될 때가 있다. 조개껍질을 예로 들면 해안에 굴러다니는 조개껍질은 화석이 아니다. 왜냐하면 그것은 현생류의 유해이지 지층 속에서 발굴된 과거의 유물이 아니기 때문이다. 지질학적 유물이 될 때 화석이라고 한다.

대부분의 골각은 탄산칼슘으로 되어 있고 다시 그 대부분은 방해석(calcite)의 상태로 있다. 극피동물, 다수의 유공충(有孔蟲), 산호, 선태식물, 완족류, 그리고 일부의 연체동물과 갑각류는 방해석으로 된 껍질을 가지고 있다.

산석(霰石, aragonite)의 화학성분은 방해석과 같으나 방해석 보다 불안정한 상태에 있는 광물이다. 대부분의 연체동물(조개, 고둥 따위)은 산석으로 된 껍질을 가진다. 특히 신생대의 연체동물 화석 가운데 산석으로 된 것이 많은 까닭은 시간이 경과함에 따라 산석은 재결정되어 방해석으로 변화해버리기 때문이다.

인산칼슘을 주성분으로 하는 골각의 동물로서는 다수의 완족류, 일부 절족동물, 모든 코노돈트, 그리고 척추동물이 있다. 인산칼슘은 화학적 저항력이 대단히 강하기 때문에 어느 시대의 화석이냐를 막론하고 거의 변질되지 않은 채 보존되어 있다.

규산(silica, SiO_2)는 담백석(opal, $SiO_2 \cdot H_2O$)의 상태로 일부의 편모충류(flagellates), 대부분의 방산충(放散蟲)류, 그리고 다수의 바다동물의 골각과 침골(針骨)을 만들고 있다. 담백석은 불안정하므로 담백석의 상태 그대로 발견되는 것은 대체로 신생대의 화석에 한한다. 그 이전의 것은 탈수되어 옥수(chalcedony)나 진정(quartz)으로 변질되어 있다.

곤충, 필석(筆石) 등이 가지고 있는 키틴(chitin) 질골각, 식물이 가지고 있는 큐티클(cuticle), 포자, 화분 등은 화학적 침해에 강인하여 그대로 보존되는 예가 많다.

변질 보존

비록 광물질로 된 굳은 부분이라 할지라도 긴 시간의 경과에 따라 다소간의 변질(alteration)을 받는다. 산석(霰石)이 된 패각이 방해석으로 변화하는 것도 그러한 변화임에는 틀림없으나, 다음에 설명할 심한 변질작용과는 정도가 아주 다르다. 화석의 대부분이 위에 말한 탄산칼슘, 인산칼슘 및 규산으로 구성되어 있지만 황화철(pyrite)이나 탄소로 된 화석도 적지 않다. 이들은 굳은 부분이 퇴적물에 쌓여 오랜 시일이 경과하는 동안 받은 변질작용에 기인한다.

탄화작용은 석탄 생성의 과정과 같은 것으로 특히 식물화석에 흔히 일어난다. 생물질은 요컨대 산소, 수소, 탄소, 질소 등으로 구성되어 있는데 이 가운데 탄소 이외는 모두 휘발성원소이다. 생물질이 퇴적물 속에 묻혀 시간이 경과하는 동안 휘발성분은 날아가고 탄소만이 농축되는, 이른바 건류작용이 일어난다. 건류작용의 다른 이름이 탄화작용이다. 마지막에 남는 탄소 찌꺼기의 엷은 막은 생물 본래의 형태를 잘 보여준다. 식물 이외에도 필석, 절족동물, 어류 등이 흔히 탄화되어 화석으로 남는다. 식물화석은 탄화작용을 받는 동안에 압착된다.

월콧(Charles D. Walcott)에 의해 발견된 유명한 서부 캐나다의 버제스 혈암(Burgess Shale) 동물군은 이렇게 탄화되어 보존된 것이다. 광충작용(鑛充作用, permineralization)이란 광물질(규산, 탄산칼슘 및 여러 가지 철화합물)을 용해한 지하수가 퇴적물 속에 묻혀 있는 다공질인 골각을 만

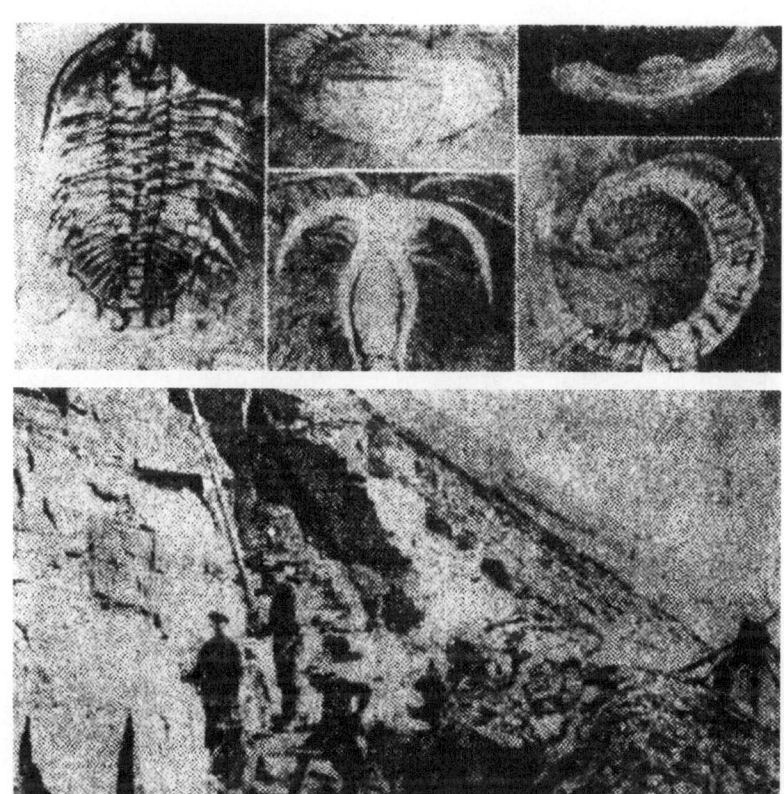

그림 6-1 | 세계에서 으뜸가는 캄브리아기 화석 산출 지층인 버제스 혈암(Burgess Shale)과 그 화석들.

나면 그 세공에 침투하여 광물질을 침전시키는 것을 말한다. 나무둥치는 흔히 그 세공 속에 규산분이 침전되어 규화목(petrified wood)을 만든다. 석화(petrifaction)라는 말은 넓은 의미로 쓰일 때는 화석을 만드는 모든 변질작용을 의미하나, 좁은 의미로는 이 광충작용만을 의미한다.

석화된 뼈(petrified bone)도 광충된 것을 말하는데 뼈에 스며든 흔히 콜로페인(collophane, 함수탄산인산염광물)이나 방해석이다.

교대작용(replacement)은 생물의 굳은 부분이 지하수에 의하여 용해되는 순간 그 지하수에 용해되어 있던 광물질이 그 자리에 침전함으로써 일어나는 작용을 말한다. 이 교대작용은 생물 본래의 미세한 구조를 그대로 보존하면서 극히 점차 일어나는 경우로부터 생물체 전부가 녹고 다른 광물이 그 자리를 메우는 경우에 이르기까지 다양하게 일어난다. 교대하는 물질도 여러 가지여서 50종 이상의 광물이 알려져 있으나 가장 흔한 것으로는 규산, 황철광, 고회석, 적철광, 갈철광, 해록석 등이 있다. 규산에 의한 교대작용, 즉 규화작용(silicification)의 경우는 화석 연구에 있어서 흔히 주목할 만한 결과를 가져온다. 그 까닭은 첫째로 이런 방법으로 보존된 화석이 흔히 매우 정교한 내부구조를 간직하고 있기 때문이며, 둘째로는 석회암 속에 규화된 화석이 함유되어 있을 때 석회암을 염산에 용해시키면 훌륭한 화석을 얻을 수 있기 때문이다.

형적화석

이상은 생물체가 화석으로 남는 경우인데, 그밖에 형적화석(trace fossil)이란 것이 있다. 생물체가 화석화된 것은 직접화석이라고 할 수 있다면 형적화석은 간접화석이다.

생물의 껍질은 그것을 누르고 있던 퇴적물에다 몸의 외형(外形)의 인상을 남기는 수가 있다. 이 외형인상(external impression)을 가진 퇴적물은 마치 생물체 외형의 주형(鑄型, mould)과 같으므로 외형(外型, external mould)이라고도 불린다. 가장 흔히 볼 수 있는 것은 패류와 완족류의 외형인상이지만 식물이나 곤충의 껍질 등도 좋은 외형인상을 남긴다.

연체동물과 완족류 등 연한 부분이 굳은 껍질에 둘러싸여 있는 경우에 연한 부분은 곧 부패해 버리고 그 자리에 퇴적물이 짜여 들어가 단단해지면 굳은 내형(internal mould)이 형성된다. 간단히 말하면 내형이란 조개 따위의 빈 속을 채운 캐스트(cast) 또는 주물(鑄物)이다. 그러나 이런 종류의 화석은 캐스트라고 부르지 않는다. 빈속을 채우는 물질은 퇴적물인 경우가 많지만 퇴적물이 미처 채워지지 못 했을 경우에는 빈 채 남아 있다가 마침내 규산 등 광물질로 채워져 내형을 만든다.

내형이 생긴 뒤를 상상해 보자.

조개껍질은 차관과 내관 사이에 끼워진 상태로 있다. 외형과 내형은 그것이 퇴적물로 되어 있는 경우도 있고 다른 광물질로 되어 있는 경우도 있을 것이다. 어느 경우든 외형과 내형 사이에 끼어 있는 조개껍질이 (특히 그 성분이 산석인 경우에는 더욱 쉽사리 그렇게 되지만) 용해되어 나가 버리면 꼭 조개껍질과 같은 공간이 생긴다. 이 빈 곳이 다른 광물질로 채워지면 본래의 조개 껍질과 같은 모양의 가상(假像, pseudomorph)이 생긴다. 이것을 주물 또는 캐스트라고 부른다.

그러나 실상은 이 경우 외형, 내형, 그리고 주물이 함께 생겼다는 데 주의할 필요가 있다. 다시 말하면 이런 화석이 들어 있는 퇴적암을 잘 쪼개면 한꺼번에 세 가지를 다 볼 수 있는 셈이다. 그런데 만일 빈 속이 퇴적물로 채워지지 않은 채 조개껍질이 녹아 버렸을 때 그 자리를 통째로 퇴적물이나 광물질이 채워지면 내형 없는 특수한 가상 또는 주물이 생긴다.

새 발자국에서 공룡의 발자국에 이르기까지 갖가지 동물의 발자국(track, footprints)이 퇴적물 위에 남는다. 발자국을 보존할 가장 적당한 퇴적물은 펄, 모래 등 작은 입자로 된 퇴적물이다. 그 퇴적물 위에 다시 퇴적물이 덮은 후 오랜 세월이 지나는 동안 돌이 되면 퇴적암 속의 층면에서 발자국화석이 발견된다. 발자국은 강수량이 많은 곳에서는 비와 유수로 지워지기 쉬우므로 건조기 후에 잘 보존된다. 발자국은 그것을 남긴 동물의 뼈와 함께 보존되는 예가 잘 없으므로 감정이 불가능할 때가 많다. 그러나 자국이 많이 남아 있으면 발의 크기와 모양뿐 아니라 다리의 수, 길이, 걷는 자세, 체중 등을 아는 자료가 된다. 즉 두 발인지 네 발인지 알 수 있을 뿐 아니라 운동할 때 쫓았는지, 뛰었는지, 기었는지 등을 알 수 있다. 고생대의 두 발 가진 공룡은 모양은 캥거루처럼 생겼지만 뛰기는 타조처럼 뛰었다는 것을 발자국의 연구를 통해 알 수 있다.

그 밖에 동물이 끌려가면서 꼬리가 남긴 자국, 파충류의 기어간 자국, 연체동물, 지렁이, 게 등을 합해서 적흔(trail)으로 분류한다.

지렁이, 절족동물, 연체동물 등의 일부는 먹이와 거처를 얻기 위하여 퇴적물, 암석, 나무둥치 등에 굴(burrow)을 뚫는다. 이것이 세립퇴적물로 채워져서 화석으로 남는 예가 흔하다.

구멍화석을 남기는 조개로서 나무에 구멍을 뚫고 사는 좀조개(Teredo)와 바위에 구멍을 뚫는 리도도무스(Lithodomus)는 흔히 볼 수 있는 종류다. 어떤 동물은 먹이나 붙을 곳을 마련하기 위하여 다른 생물에 구멍(boring)을 뚫는다. 구멍 뚫는 육식성 고둥은 다른 연체동물의 굳은 껍질에 구멍을 뚫고 속을 내어 먹는다. 구멍 뚫는 현생 해면동물인 클리오나(Cliona)는 조개에 구멍을 뚫고 부착하여 산다. 구멍 뚫린 조개 화석은 간혹 볼 수 있다.

분석(coprolite)에는 개똥 모양, 염소 똥 모양 등 여러 가지 형태가 있으며 화학성분은 인산염질이다. 분석 속에는 미처 소화되지 않은 먹이 생물이 나오는 예가 더러 있다. 흔히 분석은 그것을 배설한 동물의 화석과 함께 그 먹이 습성과 내장의 해부학적 구조에 관한 정보를 제공한다.

절멸한 파충류 화석의 위 안에서 위석(gastrolith)이라는 극히 연마가 잘 된 돌이 나오는데 이는 먹이를 가는 구실을 한 것으로 생각된다. 파충류 중에서도 특히 사경룡(Plesiosaurs, 목이 길고 머리가 작으며 바닷물 속에서 헤엄치고 살던 중생대 파충류)의 화석은 흔히 위석과 함께 발견된다. 어떤 큰 사경룡은 한 몸에서 약한 말(斗)의 위석이 발견되었는데 큰 것은 직경이 10㎝나 된다는 기록이 있다.

제7장

화석생물의 생태

후기 백악기의 어느 생태계의 복원도. 바다에는 엘라스모사우루스(Elasmosaurus, 장경룡의 일종)와 틸로사우루스(Tylosaurus, 일종의 바다도마뱀)이 싸우고 있고 공중에는 프테라노돈(Pteranodon, 나는 파충류의 일종)이 날아다니고 있다.

생물과 환경

생물은 환경에 적응하여 종류마다 독특한 생활양식을 가지게 된다. 적당한 식성, 유효한 방어법, 성공적인 번식법을 택하게 되며 떠다니거나, 헤엄치거나, 날거나, 기어 다니는 등 제각기 독특한 운동방식을 가지게 되며, 제각기 자손에 대한 배려가 다르다. 생물의 환경은 비생물적인 면과 생물적 면으로 나눌 수 있는데 물의 염분, 수온, 가스의 용존상태, 물의 운동, 그리고 (저서생물에게는) 저질의 성질 등은 비생물적 환경조건이며 먹이가 되는 다른 생물, 경쟁 상대, 적, 기생생물, 공생 생물 등은 생물적 환경을 구성한다.

생물과 환경과의 관계를 연구하는 분야가 생태학이며 고생물과 그 환경과의 관계 연구가 고생태학이다. 여기서 환경이라 말할 때 그 중요한 요인으로서의 생물계 자체도 함께 의미하고 있음을 잊어서는 안 된다. 현 생태의 연구는 관찰과 실험을 통하여 생물과 환경과의, 그리고 생물 상호 간의 관계를 직접 연구할 수 있으나 고생태의 연구는 그러한 방법을 적용할 수 없으므로, (1) 형태와 생태의 관계에 관한 지식, (2) 퇴적환경 등에 관한 퇴적학적 지식의 활용을 필요로 한다.

한 화석무리를 연구하려면 어떤 종류의 화석이 어떤 상태로 산출되느냐 하는 두 가지 문제의 해답을 얻어야만 하는데 오늘날 고생태학자들이 애석해하는 것은 과거 유수한 화석산지(化石産地)가 대체로 위의 첫째 문제에 대한 해답만을 위해 채굴되었다는 사실이다. 이 첫째 문제,

즉 분류학적 과제는 주로 화석을 실내로 채집 해온 뒤에 다루게 되며, 주로 분류학적 지식이 응용된다. 이에 비해 둘째 문제 즉, 산출상태는 야외에서 화석 채집과 동시에 퇴적의 연구도 병행해서 다루어져야 하며 생태학적 지식이 기초가 된다.

육지환경의 요인은 태양복사열, 대기 조건, 고도, 강수량, 토양, 물, 기온, 바람, 공존하는 동식물 등이다. 육지환경의 종류로는 호수, 늪(沼), 하천, 섬(島), 호변(湖邊), 하변(河邊), 낙엽림(落葉林), 사바나, 초원, 솔밭, 밤숲, 잔디밭, 사막, 설선(雪線) 이상의 산지, 동굴, 툰드라 등이 있다. 이들은 각각 독특한 생물계를 가지고 있다. 그러나 어떤 종속은 한 가지 환경 이상에 걸쳐 살기도 한다. 그러나 동식물의 환경관용도(environmental tolerance)는 매우 국한되어 있다. 지각변동의 결과로 지형과 기후가 변화되는 등, 육지환경은 끊임없이 변조되어 간다. 그러는 동안 동식물은 같은 장소에 살면서 진화하거나 다른 장소에 이주해서 진화하거나, 그렇지 않으면 사멸하고 만다.

바다환경은 저서환경(benthonic environment)과 유영부유(遊泳浮游)환경(nektoplanktonic environment)으로 나눌 수 있다. 또한 수심 200m 미만(대륙붕)의 천해(淺海), 수심 200m 내지 4,000m(대륙사면)의 반심해, 그리고 이보다 깊은 심해로 분류된다.

바다 화석의 거의 전부는 태양빛이 효과적으로 침투할 수 있고, 물결에 의해서 해저에 산소 공급이 잘 되는 천해의 저서환경의 산물이다.

반심해는 저서생물은 썩 드물고, 심해에는 거의 없다. 유영생물

(nekton)과 부유생물(plankton)의 거의 전부는 천해(심도 200m 미만)의 해표 혹은 근표(near-surface)에 산다. 천해의 이 부분을 neritopelagic environment, 반심해 및 심해의 이 부분을 oceanopelagic 혹은 epipelagic environment라고 한다. 나머지 부분의 바다(bathypelagic environment 및 abyssopelagic environment)에는 특수한 적응형을 가진 고기 몇 종속이 주 주민이다.

바다환경을 지배하는 제요인은 다음과 같다.

(1) 온도: 바다 동물 분포의 가장 지배적 요인은 수온인데, 대양은 극해(極海)와 심해저의 최저수온 약 28°F(≒-2.2℃)에서부터 열대천해에 있어서의 최고 수온 약 85°F(≒30℃)까지의 온도분포를 가진다. 계절적 변화는 해표수에 거의 국한하며 그 변화 범위는 적도 지역에서는 약 2℃이다. 수온의 계절적 변화는 해저로 갈수록 감소하다가 심위 200m 이하에서는 변화가 없어진다. 바다동물은 서식지의 수온에 적응되어 있다. 그런데 그 온도는 거의 일정하므로 그 온도에서 상당히 멀어지면 살지 못한다. 특히 유충은 성장한 동물보다 온도의 변화에 민감하다. 지각변동 등으로 인하여 해류의 방향에 이상이 생겨 한류와 난류가 엇바뀌게 되면 많은 종족이 절멸한다. 육서동물에게 산맥이 이주의 막대한 장애인 것과 마찬가지의 정도로 수온의 상이는 해서동물의 이주 장애가 된다.

(2) 염도: 해수에 용해되어 있는 염분의 농도는 온도보다는 훨씬 일률적이다. 염도의 변화에는 갇혀 있는 해수의 증발로 인해 농축되는 경우나 하수(河水)의 유입으로 인해 희석되는 경우가 있다. 해서동물은 일

정한 염도에 적응해 있기 때문에 담수나 염분이 농축된 물로 이동하면 곧 죽어 버린다. 어떤 종속은 염도 변화에 비교적 잘 견디고[광염성(廣鹽性, euryhaline)], 어떤 것은 견디지 못한다[협염성(狹鹽性, stenohaline)]. 굴(Ostrea)과 접조개(Unio)는 주로 보통의 바다에 살지만 대양의 약 3분의 1의 염도를 가진 하구(河口) 가까이에도 살 수 있다.

(3) 광선의 침투: 해수에 침투하는 햇빛이 해서동물에게 중요한 까닭은 그 모두가 직간접적으로 식물로부터 먹이를 얻고, 식물은 그 성장을 위하여 태양광선을 필요로 하기 때문이다. 현미경적 크기의 부유식물은 바다동물의 가장 중요한 먹이다. 그다음으로 중요한 먹이는 심도 50m보다 위에 사는 녹조, 갈조, 적조 등 조류(藻類)다. 스펙트럼의 보라색 쪽에 있는 파장이 짧은 광선은 최고 약 300m 심도에까지 도달하나 장파장의 것은 10m 내외의 심처밖에 도달하지 못한다.

(4) 물의 운동: 해류, 조류, 그리고 파도에 의한 물의 운동 등은 바다 환경의 중요한 요인이다. 해류는 수온 분포를 지배하고, 식물 성장을 위한 영양소와 동물의 먹이를 운반하며 동물을 운반하기도 한다. 극지방의 한랭한 해표수는 침하하여 적도 쪽으로 흘러가서는 상승한다. 그러는 동안 심해저에 산소와 먹이를 운반한다. 조석에 의한 간만간지대(干滿間地帶)의 저서생물은 공기 중에 노출되는 동안의 건조를 막기 위하여 다수는 펄과 모래에 구멍을 뚫고, 기타는 연체부(軟體部)를 물에 잠겨 있게 하기 위해 물을 봉해두는 기능을 발달시켰다. 해안의 파도치는 물속은 착생할 수 있는 강인한 기관을 발달시킨 동물만이 살 수 있는 생

태계다. 간만간지대, 즉 연해지대(沿海地帶)의 폭은 1.5km 이상에 달하는 경우도 있다.

(5) 저질(底質): 저서생물은 그들이 기어 다니고, 구멍을 뚫고, 혹은 착생하는 해저의 성질에 크게 영향을 받는다. 어떤 해저는 생물이 부착할 수 있는 굳은 암석으로 되어 있고, 어떤 해저는 자갈이나 모래, 펄 또는 연이(軟泥, ooze)로 되어 있다.

(6) 생물계: 동물과 식물은 환경의 중요한 요인이다. 그들이 서로의 먹이가 되며, 서로 보호하는 구실을 하여 살기 좋게 해주기도 하고 경쟁 상대나 적이 되어 살기 어렵게 해주기도 하기 때문이다. 해초는 많은 동물의 피신처가 되는데, 특히 조석간만지대에서는 갑각류 기타 동물의 숨을 곳이 될 뿐 아니라 수분을 공급한다. 여러 가지 이종동물은 서로 이익을 끼치면서 공생하기도 하고, 한쪽은 유리하지만 상대방은 무해무득한 편리공생(片利共生)을 하는 경우도 있고, 숙주에게 해를 끼치면서 기생하기도 한다. 이러한 유기적 환경요인은 무기적 환경요인보다 결코 덜 중요하지 않다.

생활군집과 유해군집

생물은 이상과 같은 환경요건에 각 종속마다 독특하게, 그리고 엄격하게 적응해 있어서 각자의 생활 장소에서 이탈해서는 살 수 없고 그 생활환경에 큰 변화가 와도 살 수 없다.

흑색혈암(黑色頁巖)은 대부분의 생물이 살 수 없는 환경에서 퇴적된 암석임에도 불구하고 화석을 가장 흔히 산출하며, 가장 잘 보존된 상태로 산출한다. 동물들이 산 채로 흑색혈암의 퇴적환경 속으로 들어가면 산소의 공급을 받을 수 없어 죽어 버린다. 이 경우 죽음은 환경의 비정상적 변동의 결과다. 특히 몰사(沒死)의 경우가 그렇고 화석다생층(化石多産層)을 만든다. 유해미생물의 창궐, 염도 증가 등은 현재나 과거를 통한 몰살의 원인이다.

일반적으로 동물계는 노사(老死)보다 횡사가 많고 식물은 죽은 뒤 조각조각 흩어진다. 그러므로 일반적으로 생물이 죽어 묻혀 있는 지층의 환경은 흔히 생물이 살 수 없던 환경이다. 미국 로스앤젤레스의 유명한 란초 라브레아의 아스팔트 웅덩이에 빠져 죽어 화석화된 플라이스토세의 육식류 무리는 그 단적인 예다. 이곳에는 산소가 결핍되어 있기 때문에 산소에 의한 화학적 파괴작용도 없었고, 산소가 있어야 사는 세균과 저서생물이 없었기 때문에 생물에 의한 파괴작용도 없었다. 그러므로 이곳에 들어옴으로 인해 죽었거나 혹은 운반되어온 생물체가 화석으로 보존되기에는 가장 이상적인 환경이었다.

이상의 예에서 알 수 있는 바와 같이 생물의 생활 장소, 사멸 장소, 그리고 매몰 장소는 구별되어야 한다. 어떤 한곳에서 산출되는 화석생물군을 연구함에 있어 사멸 장소는 덜 중요하다. 그 이유는 첫째로 고생태학자의 관심의 초점은 생활환경의 복원이기 때문이며, 둘째로 모든 자료가 매몰 장소에서 얻어지기 때문이다. 그러므로 여기서는 생활 장소와 매몰 장소에 한해서 다루기로 한다.

생물이 죽은 뒤 흔히 그 유해는 운반과정을 겪어 마침내 생활환경과는 전혀 다른 퇴적환경에 묻히게 된다. 드물게 공룡이 해성층(海成層)에서 발견되어 한때 바다동물로 오인되었던 일도 있었다. 그러나 그 해부학적 구조로 보아 해서일 수 없음이 알려지고 또한 같은 화석이 육성층(陸成層)에서도 발견되어 육지동물임이 증명되었다. 아마도 그 시체는 퉁퉁 불은 채로 유수(流水)에 의해 운반되어 해저에 묻혔을 것이다.

포항 시내의 연일(현 경상북도 포항시의 일부) 셰일(마이오세)의 한 층준(層準)에서는 고기, 유공충, 조개, 고등어, 게, 실불가사리 등과 함께 날개 달린 곤충, 나뭇잎사귀, 콩, 호두 등이 산출되었다. 이들은 살아 있을 때는 결코 같은 생활환경에서 함께 살 수 없는 것들의 집단이다. 화석군은 대개의 경우 이와 같은 혼성 무리다. 고생물학자와 고생태학자들은 한곳에서 산출되는 화석생물군을 유해군집(thanatocoenosis)이라고 해서 생활군집(biocoenosis)과 구별한다. 생활군집이란 한 환경에서 함께 생활하던 생물의 무리다.

생물군집은 시간과 함께 영구히 갱생되어 가고 진화하는 산 무리이지만 유해군집은 어느 한 순간에 기계적 힘에 의해 배치된 대로 정지해 버린 죽은 무리다. 공간적으로 보더라도 생물권은 기권(氣圈)과 수권(水圈)의 상당한 범위에 걸치지만 모든 유해군집은 수저와 지면에 국한된다. 원양생활군집이나 조류를 포함하는 수목생활군집이 생활 장소에서 유해군집을 이룰 수 없음은 자명하다.

고생태학의 요점은 한 유해군집에서 (1) 본래성분(autochthonous component)과 (2) 외래성분(allochthonous component)을 가려내는 일이다. 본래성분은 생활군집의 일부가 살던 제자리에서 보존된 것이고, 외래성분은 다른 생활군집 혹은 유해군집에서 도입된 것이다. 일반적으로 화석생물군집의 일부는 본래성분이고 나머지는 하나 혹은 여러 생활군집과 유해군집에서 유래된 외래성분으로 구성된다. 본래성분만으로 구성된 유해군집은 있을 수 있으나, 한 생활군집을 완전히 대표하는 유해군집은 기대할 수 없다. 실상 모든 생활군집은 생태 상 극히 중요한 위치를 차지하는 세균을 포함하고 있으나 화석으로는 거의 보존되지 않는다. 또한 지렁이와 곤충 등 기타 연한 부분만으로 된 생물과 날짐승은 화석으로 잘 남지 않는다. 그러므로 유해군집을 해석함에 있어서 화석으로 나타나지 않은 부분을 항상 고려해야 한다.

요컨대 한 유해군집은 (1) 한 생활군집의 일부일 경우, (2) 한 생활군집의 본래 성분과 하나 혹은 여러 생활 군집으로부터 외래성분으로 되는 경우, (3) 여러 생활군집으로부터의 외래성분만으로 되는 경우, (4) 하나 혹은 여러 생활군집과 이미 있던 유해군집으로부터의 외래성분만으로 되는 경우 등이 있다.

이러한 불완전하고도 복잡한 화석 무리를 가지고 그 각 구성원의 상호관계, 그들과 퇴적환경과의 관계, 그들의 생활환경의 복원 등을 연구하는 데는 화석생물의 분류적 위치와 생태계에 관해 해박한 지식을 가지고 한 유해군집에서 본래 부분과 외래 부분, 그리고 포함된 여러 생활군집과 유해군집을 분리해 낼 수 있는 능력이 있어야 한다.

여러 가지 유해군집

유해군집은 육지유해군집과 바다유해군집으로 나눌 수 있다. 건육성층에 속하는 동굴 및 열극퇴적물은 양적으로는 극히 제한되어 있지만 제4기 지질학에서의 비중은 막중하다. 인류화석의 거의 전부와 영장류 등 희귀한 포유류화석이 동굴 및 열극퇴적물에서 산출되었다.

육지 및 육수(陸水) 동식물의 유해가 흔히 발견되는 곳은 하성층(河成層)과 호성층(湖成層)이다. 호수와 소택지의 유해군집은 그곳들이 정수환경인 까닭으로 비교적 잘 보존된다. 소택지 퇴적물 속에는 흔히 풍부한 식물화석군이 보존되어 있다. 전적으로 육지에서 온 외래성분만으로 된 육수유해군집은 흔히 관찰되는 바인데, 육지동식물에 관한 지식은 대체로 이러한 군집으로부터 온다. 하성환경 가운데 하천의 경우와 같이 조립퇴적물(粗粒堆積物)이 쌓이는 곳보다는 범람원의 경우와 같이 세립퇴적물이 쌓이는 곳이 화석을 보존하기에 적당하다. 우각호(牛角湖), 자연제방, 범람원, 하천 하류, 삼각주 상류부 등과 같이 하수의 유속이 갑자기 주는 곳에서 화석은 많이 발견된다. 하구와 삼각주 하류부의 유해군집에는 바다 쪽으로 감에 따라 더욱 많은 바다생물의 요소를 가지는 반면 육지생물의 요소는 감소된다. 같은 시기의 유해군집에 바다와 육지성분의 비율을 계산하여 여러 가지 고지리적 결론을 내릴 수 있다.

모든 유해군집의 대부분은 바다 기원의 것이다. 대부분의 바다유해군집은 거의 혹은 전적으로 외래성분만으로 된다. 순수하게 본래 성분만으로 된 저서유해군집의 양상은 생활군집의 양상과 화석화 조건에 따라 결정된다. 본래 바다유해군집은 희귀하며, 산호초를 이루는 조초(造礁)동식물, 패류, 완족류 등은 그 실례다. 이러한 군집은 얕은 물에 특유한 것이다. 물이 깊어짐에 따라 외래성분이 끼어들기 마련이다.

유해군집의 해석

식물화석이 본래 서 있던 대로 즉 뿌리박은 채로 묻혀 있으면 그 본래성이 가장 확실히 드러난다. 석탄기나 페름기의 스티그마리아(Stigmaria)는 흔히 볼 수 있는 실례(實例)다. 완족류 중 바닥에 구멍을 뚫고 사는 따위가 육경(肉莖)을 구멍에 박은 채 발견되면 이 또한 본래성의 증거다. 정공(穿孔)조개(burrowing pelecypods)는 특징적인 형태를 가진다. 즉 (1) 긴 수관(水管) 때문에 생기는 투선(套線, Pallial line)의 심한 굴곡, 벌림새가 큰 껍질(gaping valves), (3) 길쭉한 모양의 껍질 등이 그것이다. 현생종 긴맛(Solen)은 극단적 실례다. 이러한 조개가 수관구를 위로 든 채 꼿꼿이 서 있으면 본래대로라고 결론지을 수 있다.

저질(底質)에 부착해서 사는 방법에는 여러 가지가 있다. 연질부인 육경 또는 족사(이매패, Anisomyaria 등의 경우)를 가지고 바다 바닥에 붙어 사는 경우도 있고 산호, 해백합, 굴, 루디스트류(rudistids) 등은 골각이 직접 부착하는 경우가 많다. 전자의 경우는 생물이 죽은 뒤 굳은 부분이 떨어져 나가 운반되어 가기가 일쑤다. 그러나 후자의 경우는 제자리에서 화석화될 기회도 많거니와 그 본래성은 확실성이 있다.

본래성이 인정될 경우, 그 죽음의 상황을 두 가지로 나누어 생각할 수 있다. 즉 (1) 동물이 산 채로 퇴적물에 묻힘으로 인해 죽게 된 경우와 (2) 죽자마자 묻힌 경우가 그것이다. 그 이매패(二枚貝)에서는 껍질의 상대적 위치를 보아 위의 어느 경우인지를 판단할 때가 있다. 즉 조개는 폐계근(閉介筋, adductor muscle)이 기능을 잃자마자 그 껍질이 벌어지는 까닭에, 만일 퇴적물이 열린 두 껍질 사이에 정상적인 모양으로 퇴적되어 있으면 퇴적이 죽음의 원인이었다고 볼 수는 없다.

군거(群居)하는 동물은 서로 성장을 방해, 간섭받을 만큼 밀착해 사는 경우가 있다. 그래서 두 인접한 껍질의 비정상인 모양이 본래성을 나타내는 수가 있다.

굳은 부분을 저질에 부착시켜 사는 생물 가운데 양적으로 큰 비중을 차지하는 것은 산호류, 스트로마토포로이드류, 해면류, 석회조류 등 조초자(造礁者)이다. 일반적으로 조초자는 본래 성을 지시하나, 그 부분 혹은 지체(肢體)는 떨어져 나가 외래적으로 퇴적된다는 점에 주의할 필요가 있다. 이상으로써 짐작이 가는 바와 같이 본래성 동물화석은 저서동물에 한한다. 저서류 가운데서도 정착성인 동물의 유해가 본래대로 남아 있을 가능성이 가장 큰 것은 물론이다.

외래성 화석은 반드시 다소간의 운반을 받은 것이다. 여기서 운반이라고 말할 때 부유생물의 유해가 해저에 가라앉는 경우와 같은 수직적 이동, 즉 침하도 포함된다. 유해의 운반은 다른 쇄설입자와 마찬가지로 (1) 분급작용(sorting), (2) 방향배열(orientation) 및 (3) 다소간의 파손을 가져오며 이런 것이 외래성의 증거가 된다.

화석의 방향배열에 관련해서는 퇴적작용이 유수에 의해서 이루어졌는지 정수 속에서 이루어졌는지가 구별되어야 한다. 전자의 경우에는 유해의 장축이 유향과 일치하도록 배열된다. 벨렘나이트(belemnite)에 그런 예가 있다. 불가사리나 해백합의 지체도 평행배열을 한다. 완족류, 이매패 등의 접시 모양의 껍질이 凹상(狀)으로 퇴적되어 있으면 이는 정수 하에서 쌓인 것, 따라서 외래성을 가리킨다. 그러나 유수에 의해 운반되었을 때는 상으로 퇴적되는데 그 이유는 이것이 흐름에 대한 안전자세이기 때문이다. 제주도 서귀포층의 패류는 이러한 자세로 놓여 있으며, 따라서 그 외래성은 물론, 그 퇴적환경도 유추할 수 있다. 막대 모양의 골각은 단순히 유향과 일치한 평행배열을 보일 뿐이나 고둥과 같은 송곳 모양의 것은 뾰족한 끝이 퇴적매질의 흘러오는 방향을 가리킨다.

유해군집에서 본래분과 외래분을 해석하는 일은 환경의 복원에 있어서 요긴한 전제다. 본래분이 직접적 지시자임은 물론이다. 본래분이 없으면 없다는 사실 자체도 중요한 자료다. 외래분이 섞여 있으면 그 환경은 그 외래분이 도달할 수 있는 거리에 있었음을 가리키는 까닭으로 해서 중요한 자료가 된다. 연일 셰일의 바다유해군집은 육지에서 온 외래분을 풍부히 포함하고 있다. 이 단순한 사실은 그 환경이 해안선에서 매우 가까운 곳임을 가리키고 있고, 연일 셰일 퇴적지 일대가 다도해였다는 지질학적 증거와 일치한다.

고생태학적 유추

(1) 한 종류의 생물의 생태적 적응은 그들의 역사 초기에 얻어 꾸준히 유지되어 왔다는 가설을 고생태의 연구는 거듭 긍정해 줬다. (2) 그래서 같은 류의 생물이나 유연관계가 매우 가까운 생물은 그들의 역사를 통해 그 생태가 같거나 매우 비슷했다고 보는 것은 고생태 연구의 중요한 발판이 되어 왔다. 예를 들면, 현생 산호류가 얕고 온난한 바다에서만 초(礁)를 이룬다는 사실과 지질시대의 산호초가 대체로 저위도 지역의 천해성퇴적물 속에서 산출되는 사실은 과거의 산호도 현생류와 마찬가지로 온난한 천해수에 살았으리라는 것을 강력히 암시해 준다.

조초산호는 수심 100m 미만의 바다에서만 살되, 활발한 조초는 50m보다 얕은 곳에서 이루어진다. 대부분의 조초산호는 18℃ 내지 35℃의 수온 범위 내에서 살되 활발한 조초는 24℃ 내지 30℃의 바다에서 이루어진다. 이러한 조건은 화석 산호에도 대체로 적용되리라 생각되고 있다. 특히 쥐라기 이후의 산호는 현생류와 그 구조가 흡사하므로 더욱 확실성이 있다. 매우 흥미로운 점은 지질시대의 대부분을 통하여 산호초는 현재보다 훨씬 북쪽으로 분포한 반면, 남쪽으로는 멀리 분포되지 않았다는 사실이다. 현생 산호초의 분포의 위도 한계는 북위 35° 내지 남위 32°인데 쥐라기 후기에는 북위 58° 내지 남위 5°의 범위이고, 백악기 후기에는 북위 50° 내지 적도의 범위다. 고생대의 트라이아스기의 산호는 수온과 수심의 조건이 달랐을 가능성이 있다. 그들은 쥐라기 이후의 산호에 비하여 그 구조와 분포가 상당히 다르다.

어떤 화석동물군과 화석식물군의 일반적 성격을 보아 그 환경 조건을 알 수 있는 경우가 있다. 예를 들면 화석연체동물의 경우 그 종류의 다양성과 평균 크기의 감소는 물의 염도의 감소를 의미한다. 또 종류와 크기는 천해저의 정부(頂部) 가까이서 가장 크고 거기서 해안으로, 그리고 심해 쪽으로 갈수록 감소한다. 화석 식물의 예를 들면 잎의 평균 크기는 기후의 지시자가 되는데 큰 잎은 습윤한 기후를, 작은 입은 건조한 기후를 가리킨다.

여러 동물 부류에서 현생류의 형태와 생태의 관계를 화석 생물에 투영하여 고생태를 유추할 수 있다. 저서운동생활에 적응한 동물들의 몸이 납작하게 되는 경향을 볼 수 있는데, 어떤 어류, 가령 넙치(Plaice) 같은 것은 대칭면이 보통의 경우와 같이 수직이 아니라 수평으로 놓이게 되어 있다. 그 결과 일부의 기관(현저한 것은 눈)은 위치가 변경되

그림 7-1 | 삼엽충 화석들. 이 동물은 5.7억 년 전에 생겨나 약 2억 년간 번성하다가 그 뒤로는 간신히 명맥을 유지, 약 2억 년 전에 멸망했다.

어 있다. 오징어 등도 그런 적응을 보인다. 삼엽충의 예로는 오기기아(Ogygia), 하르페스(Harpes), 섭게류(echinoid)의 예로는 클리페아스테르(Clypeaster), 이매패목의 예로는 가리비(Perten) 등이 있다. 납작한 모양은 동물이 저질 속으로 빠져들어 가는 것을 막는 데 유효할 뿐 아니라 바닥에 납작하게 엎드려 운동하기에 편리하다. 저서무척추동물 가운데는 극단적인 적응형을 보이지 않는 것도 많다. 그러나 위에 말한 적응적 경향을 근거로 연구가들은 납작한 모양을 흔히 저서생활과 관련시키고 있다.

현생류의 생태를 통해 고생태를 유추함에 있어서 환경 요구가 변할 수 있다는 점은 늘 기억되어야 한다. 적응형에 있어서 현생류와 흡사하거나 현생류와 근연의 화석생물은 흡사한 환경에서 살았을 가능성이 많으나 예외도 있다. 현재 열대에 사는 코끼리와 근연의 매머드가 화석으로는 한대생물의 화석과 함께 툰드라지방의 제4기층에서 발견되는 것이 한 예이다.

제8장

고생물계의 변천 단계

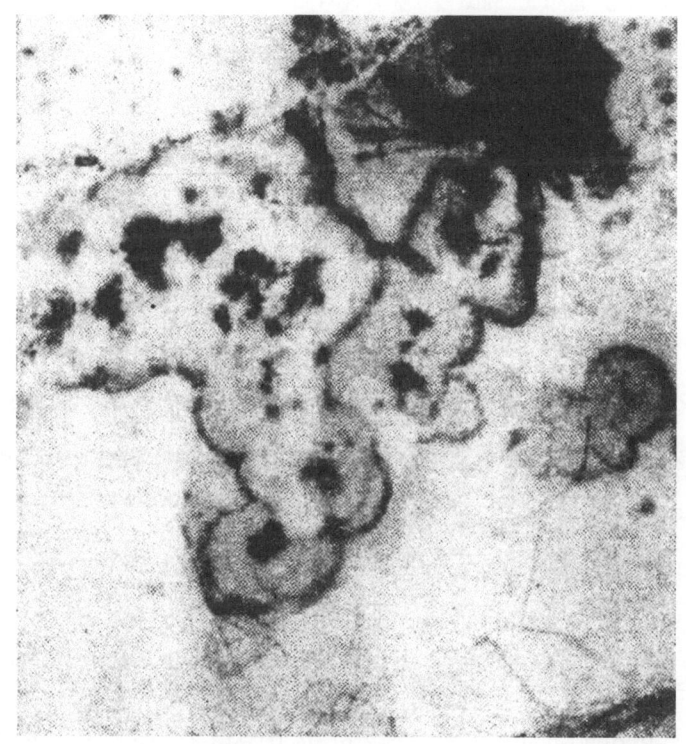

35억 년 전의 원시식물(藻類)화석의 325배 확대 사진. 캐나다 남부 온타리오산.

선캄브리아 영대 말의 변화

선캄브리아 영대에서 캄브리아로 넘어오는 시기(약 5.7억 년 전)는 진화사상 가장 놀라운 때였다. 삼엽충화석이 나타나기 시작하는 층위부터 선캄브리아기층이라 하는데 캄브리아기에는 이미 모든 무척추동물 문의 대표가 얕은 바다에 살고 있었다. 그만큼 발달되기에는 많은 시간이 걸렸을 터이므로 선캄브리아 때 말기에는 여러 가지 무척추동물들이 이미 존재했음에 틀림없는데 왜 화석으로 남지 못했을까? 이는 오랫동안의 수수께끼였다. 아마도 선캄브리아 때는 동물이 골각을 가지지 않았기 때문에 화석이 되지 못했을 것이라고 지질학자들은 추측했었다. 아니나 다를까, 근래 오스트레일리아의 선캄브리아 말기층에서 에디아카라 동물군이라 불리는 골격 없는 무척추동물이 발견되어 그러한 추측이 증명되기에 이르렀다.

다음 문제는 왜 다세포의 무척추동물이 선캄브리아 말에 가서야 생겨났는가이다. 최근의 설명에 의하면 이때 와서야 다세포동물이 생겨날 수 있을 만한 양의 산소가 대기 중에 쌓이게 되었다는 것이다. 어떤 학자들은 이때 와서야 현재의 대기의 약 10분의 1의 산소 농도가 당시의 대기 중에 이루어졌으리라고 한다. 남은 문제는 왜 동물들이 캄브리아기 초에 껍질을 가지게 되었느냐이다. 최근의 설명인즉 대기 중에 산소가 충분해야만 그 상층에 오존층이 형성되는데 이때는 아직 외계로부터 지구상에 쏟아지는 자외선을 막아줄 오존층이 없었기 때문에 강

렬한 자외선으로부터 생물질을 보호하기 위해 껍질이 생겨났을 것이라는 가설이다.

식물의 상륙

실루리아기는 식물이 상륙 작전에 성공한 때다. 그 이전에는 육지에는 생물이라고는 없었고 황막한 벌거숭이 산야가 있었을 뿐이다. 실루리아기에 들어서자 바닷가에는 식물이 살기 시작했다. 데본기층에서는 바닷가의 늪지대에 제법 숲이 이루어졌던 모양을 보이는 화석 무리가 나왔다. 세계적으로 많은 양의 석탄을 산출하는 석탄기와 페름기층에서는 석탄층 아래 위에서 거목의 화석이 나왔고 석탄층 자체도 당시의 얽히고설킨 '숲의 화석'인데 이때의 탄층은 모두 연안의 저지였던 곳에서 쌓인 지층에서만 산출된다. 이리하여 지구가 녹음의 치마를 입게 되었다. 아직 고지에는 식물이 없었다.

육서식물이 거기서 생겨난 것으로 생각되는 바닷말(해조)은 종류에 따라 몸의 일부가 뿌리 비슷하게 되어 바위에 붙어 있을 수 있었다. 그러나 대체로 말하면 말(藻)은 온몸을 물결의 움직임에 내어 맡기고 몸의 모든 부분에서 물과 이산화탄소를 흡수하고 햇빛을 받아 탄소동화작용을 하여 영양을 만들었다. 즉 이들에게는 뿌리와 줄기와 잎의 구별이 없었다.

그림 8-1 | 후기 석탄기 숲의 한 장면. 종류가 다른 두 개의 봉인목(Sigillaria)이 있고 그 위에 곤충이 보인다.

그러나 식물이 육지에서 살자면 몸을 받들고 물을 빨아올릴 뿌리가 필요하고, 몸을 지탱하고 수분과 양분을 운반할 줄기가 필요하고, 일광을 받아 탄소동화작용을 하는 일만을 전담할 잎이 필요하다. 프실로피톤(Psilophyton)이나 리니아 같은 최초의 육서식물의 화석에서 보는 공통점은 매우 불완전하나마 엽지근의 분화가 이루어져 있었다는 사실이다. 이들은 바닷말과 현재의 육지식물의 중간 형태를 취하고 있다. 실루리아기의 육서식물화석이 발견되기 전에 식물학자들은 최초의 육지식물의 모양을 나중 발견된 화석이 보여주는 모양과 흡사하게 그렸다.

식물이 육지를 점령하게 되었다는 사실은 생물사상 중대한 의의를 가진다. 식물은 동물의 먹이가 되고 또 은신처가 되므로 동물이 육지를 점령하는 데 불가결한 전제조건이었다.

양서류의 상륙 시도

고생대 후기의 숲속에서는 갖가지 곤충의 화석이 나온다. 진딧물도 있고 잠자리도 이미 생겨 있었다. 벨기에의 석탄기층에서는 메가뉴론(Meganeuron)이라는 잠자리 화석이 나왔는데 몸길이가 80㎝나 되어 최대의 곤충으로 알려졌다. 그러나 무엇보다도 이 시대의 생물계에서 우리가 주목해야 할 만한 동물은 양서류다. 우리가 잘 아는 개구리가 양서류인데 이들은 생애의 초기를 물속에서 보내다가 장성해서는 마치 수륙양용 자동차처럼 육지와 물속을 드나들면서 산다. 이 양서류가 생겨난 것은 이미 고생대 중기에 있었던 일이지만 그들이 번성해서 생물계의 주인공 노릇을 하게 된 것은 고생대 후기다. 최초의 양서류 화석은 동부 그린란드의 데본기 후기층에서 발견되었다. 지금은 열대와 온대지방에서만 사는 양서류가 북극지방인 그린란드에서 화석으로 나오는 것은 대단히 흥미로운 일이다.

세계 각처에서 산출되는 양서류 화석을 보면 형태도 어류와 파충류의 중간이고 지구상에 생겨난 순서 또한 그렇다. 데본기의 고기 가운데 다른 모든 고기가 아가미로 호흡을 하는 데 반해 허파를 가지고 호흡을 하던 폐어(肺魚)가 있었는데, 이 폐어에서 양서류는 호흡기관을 인계받았고, 물고기의 지느러미가 발달하여 양서류의 사지가 되었고, 물고기의 꼬리는 퇴화한 모양으로 아직 이때의 양서류에 남아 있다. 척추동물 중에서 육지에 무대를 최초로 개척한 선구자가 이 양서류다. 양서류는 고생대 후기 중에 자신의 위치를 파충류에 인계함으로써 역사적 사명이 다 끝났다는 듯이 그 이후로는 차차 쇠퇴해 버렸다.

나자식물의 고지 점령

고생대 말에 일어난 중대한 변화의 하나는 석탄기에 울창하던 양치식물의 산림이 차츰 쇠퇴하고 그 대신 소위 중생대 식물인 소나무, 은

그림 8-2 | 약 3억 년 전에 번성하던 고사리(양치류) 화석.

행나무, 전나무(잣나무), 소철류, 코오다이테스 등 나자식물(裸子植物, 겉씨식물)이 나타났다는 것이다. 이들은 양치식물처럼 포자에 의해서가 아니라 종자에 의해 번식하는 점이 특이하다. 종자란 '영양 도시락'을 차고 있는 포자라고 할 수 있어서 식물이 그 발생 단계에서는 얼마간 자급자족을 할 수 있도록 되어 있는 비교적 발달된 번식법이다. 또한 이 겉씨식물은 늪과 저지에서만 번성할 수 있었던 양치식물과는 달리 비교적 가혹한 환경에서도 자랄 수 있는 튼튼한 조직을 가지고 있다. 이들에 의해 식물은 높은 언덕과 산까지도 점령할 수 있었다.

파충류의 군림

중생대의 생물계에 위압적인 골격과 힘과 번성으로서 군림했던 자는 바로 파충류였기 때문에 중생대를 파충류의 왕국이라고도 한다. 파충류는 이미 석탄기에 양서류에서 진화되어 페름기 동안에는 제법 양서류의 경쟁자로 살고 있었다. 미국 텍사스주의 페름기에서 산출된 세이무리아(Seymouria)는 그 형태가 양서류와 파충류의 중간이었기 때문에 학자 간에는 어느 쪽에 분류시켜야 할지에 관하여 논쟁을 한 일이 있다. 그런데 세이무리아 화석이 나온 같은 개층(個層)에서 알(卵) 화석이 나왔기 때문에 세이무리아를 파충류로 분류하자는 주장이 유리해졌다. 이러한 논쟁은 이 동물이 양서류에서 파충류로 넘어가는 단계의 생물임을 암시하고 있으나 세이무리아가 엄밀히 파충류의 선조이냐 하는 데는 의문의 여지가 있다.

양서류는 비록 육지에 발을 디뎌 놓기는 했지만 물을 떠나서는 살 수 없다. 특히 생식은 반드시 수중에서만 할 수 있다. 오늘날 개구리를 관찰해서 잘 알 수 있는 것처럼 물속이 아니면 알을 낳을 수 없고 또한 올챙이는 물속이 아니면 클 수 없다. 또한 올챙이는 아가미로 숨을 쉬고 장성해서도 온몸에 물기가 있는 피부를 통해서 보조적인 호흡을 하지 않으면 살아갈 수 없다.

이처럼 양서류는 아직 물과 숙명적으로 연결되어 있다. 그러나 파충류라는 진화의 단계에 이르러 동물은 완전히 육상생활을 할 수 있게 되었다.

중생대의 초기인 트라이아스기는 고생대 말기인 페름기와 마찬가지로 대륙들이 상당히 융기된 채로 남아 있던 시대로 알려져 있다. 이때 넓은 육지는 그곳을 점령하여 살 주인공을 부르고 있었다. 파충류가 이 부름에 응답한 영웅이다. 파충류는 매우 튼튼한 피부를 가졌으므로 물기가 없는 곳에서도 허파만을 가지고 호흡작용을 충분히 수행할 수 있다. 그러나 무엇보다도 큰 장점은 그들의 알에 있다. 파충류의 알은 단단한 껍질에 싸여 있고 영양이 듬뿍 담긴 노른자위를 가지고 있고 독특한 배막(胚膜)을 가졌다. 이 발달된 생식 방법이 양서류에 비해 파충류의 결정적인 장점이었다.

거구의 말로

중생대의 파충류 가운데 가장 장관스러운 자는 공룡이다. 브론토사우루스(Brontosaurus)라는 공룡은 그 길이가 22m나 되었다. 디플로도쿠스(Diplodocus)는 덜 육중하게 생긴 대신 길이는 더 커서 30m나 되었다. 이들의 몸집이 그처럼 거구인 것과 대조적으로 두뇌의 무게는 1파운드도 안 된다. 공룡의 한 무리는 식물을 먹이로 삼았고, 다른 한 무리는 육식을 했다는 것은 그 이빨을 연구해서 잘 알 수 있었다. 이들은 모두 네발로 걸어 다녔다. 공룡의 발자국 화석 중에는 어린 아이가 충분히 들어가 목욕을 할 수 있을 정도로 엄청나게 큰 것도 있다. 한때 공룡은 몸집이 너무 커서 제 발로 걸어 다니지 못했을 것이고, 늪에 반쯤 떠서 늪 속의 풀을 먹고 살았을 것이라고 생각했지만, 공룡의 발자국 화석이 발견되고부터는 그러한 생각은 전혀 근거 없는 것이 되고 말았다. 바닷속에는 물고기 모양의 파충류인 어룡의 떼가 모든 종류의 고기를 잡아먹고 살았다. 그 길이는 3m가 넘고 사지는 지느러미 모양으로 변화되었으며, 갈치와 같이 길쭉한 주둥이와 사나운 이빨을 가지고 있었다.

공중에는 비룡이 날고 있었는데 이것은 겉보기에는 큰 박쥐 같았다. 그 화석의 날개를 연구한 바에 의하면 이들은 새와 같이 자유자재로 날 수 있었던 것이 아니라, 날개의 구조로 보건대 마치 글라이더처럼 높은 곳에서부터 낮은 곳으로 날 수 있었던 것 같다고 한다. 이처럼 중생대에는 모든 공간을 파충류가 차지하여 온 생물계에 군림했다. 그러나

그림 8-3 | 이 전기 백악기의 공룡(코리토사우루스, Corythosaurus)의 길이는 10m, 키는 6m이다. 캐나다 앨버타 주산으로 미국 필라델피아 자연과학원 소속 자연사박물관에 진열되어 있다.

중생대 말에 이르자 육상 척추동물 가운데 극히 미미한 존재로 명맥을 이어가던 작은 체구를 가진 소수의 무리를 제외하고는 번성의 극치를 누리던 매우 특수화된 거구의 파충류 무리는 다 전멸해 버리는 비운을 겪었다.

생물계에서 어떤 일정한 환경, 어떤 좁은 범위의 조건에 너무 지나치게 적응해서 과특수화된 무리는 환경조건이 변화하는 날 멸망할 수밖에 없다는 이치를 우리는 생물 진화 사상에서 여실히 보아 왔다. 지나치게 특수화되고 지나치게 성공적이던 기구를 가졌던 생물무리는 환경조건이 바뀌면 적응력을 발휘하지 못한다. 생물계의 역사에서 보건대 대체로 몸집이 지나치게 비대해지는 것은 멸망할 징조다.

공룡이 절멸하게 된 가장 큰 원인은 아마 몸집이 지나치게 커졌다는 점일 것이다. 몸집이 크면 힘이 세기 때문에 다른 생물과의 경쟁에서 매우 유리해서 처음에는 그 족속이 번성한다. 그러나 몸집이 크면 클수록 그 몸을 지탱할 많은 양의 먹이가 필요하기 때문에 그 종족의 전 운명은 먹이가 되는 동물이나 식물에 매우 각박하게 의존하게 된다.

백악기 후기에 들어서서 피자식물(被子植物)이 번성하여 나자식물의 위치를 대치(代置)하게 되었다. 이때 지금까지 나자식물만을 먹이로 삼았던 공룡의 무리는 직접적으로 치명적인 타격을 받았을 것이고 또 나자식물에 의존하던 다른 동물을 먹이로 하던 공룡은 간접적으로 치명적인 타격을 받았을 것으로 예상된다.

피자식물과 포유류의 성공

피자식물의 발달은 중생대 말에 시작되어 다음 시대인 신생대에 있을 포유류 발달의 길을 예비했다. 오늘날 지구상에 아름다운 꽃을 피우는 모든 식물은 피자식물이다. 피자식물은 꽃을 피우는 것 외에 열매(자방, 子房)를 가졌고, 씨(배주, 胚珠)를 보호하는 안전한 육종법을 가졌기 때문에 환경의 가혹한 변화에도 거뜬히 견디는 성공적인 식물이 되었다. 많은 낙엽수가 여기에 속하고 풀과 곡식과 열매를 맺는 관목, 일년생식물, 채소 등이 다 피자식물에 속한다. 이들은 가장 발달된 정교한 식물이라는 것뿐만 아니라 신생대 지구의 주인 격인 포유류를 위해 열매와 과일과 곡식과 풀, 채소 같은 영양가 높은 먹이를 제공해 줬던 점에서 더욱 중요하다.

신생대는 지금으로부터 6,500만 년 전에서 오늘에 이르기까지의 시대다. 신생대는 포유류의 시대다. 포유류의 선조 화석을 찾아 지구 역사를 거슬러 올라가면 고생대 말기까지 이르게 된다. 즉 미국 텍사스주와 남아프리카의 페름기층에서 포유류를 닮은 파충류가 나왔다. 그 후 중생대 초기의 지층으로부터는 여러 곳에서 포유류와 유사한 파충류 화석이 나왔는데 이들은 파충류보다 포유류의 성질을 더 많이 가진 것들이다. 어떤 포유상(狀) 파충류는 알을 낳는 점에서 파충류에 가깝고, 젖으로 새끼를 기른다는 점에서 포유류에 가깝다. 오늘날 호주에 사는 오리너구리(duckbill)는 알을 낳는 포유류인데, 이는 파충류의 특징을 가졌던 많은 포유류가 다 멸망하고 없는 오늘날까지 살아남은, 말하자면 살아있는 화석이다.

　최초의 진짜 포유류 화석은 영국의 쥐라기 중기층에서 나왔고, 그 후 쥐라기 후기에는 북아메리카와 유럽의 여러 곳에서 상당수의 포유류 화석이 나왔다. 쥐라기층에서 나온 포유류 화석은 모두 이빨과 턱조각이었지만 전문가들은 이러한 부스러기를 가지고도 쥐라기에 이미 5개 목의 포유류가 살았음을 밝혀냈다. 백악기 말기에 가서 최초의 유대류와 태반포유류가 나타났다.

　이들 화석으로 판단하면 중생대의 포유류는 몸집이 조그마하고 고슴도치(hedgehog)와 뾰족뒤쥐(shrew)를 닮았다. 이들은 중생대 동안 대식가였던 거대한 파충류의 먹이가 되면서도 그 눈을 피해 숨어 살면서 미미한 존재로 명맥을 유지했다. 그러나 중생대 말에 한 왕조의 기본 질서와 같은 지리적·지형적 상황이 크게 변동하고 파충류가 멸망하여 주권의 소재가 불분명하게 되었을 때 이 숨은 영웅들은 때를 만났던 것이다.

　파충류가 냉혈동물인 데 비해 포유류는 온혈동물이다. 온혈이란 몸의 온도가 일정한 성질인데 포유류는 몸의 온도가 2, 3℃만 오르거나 낮아져도 목숨을 유지할 수 없기 때문에 대단히 위험한 조건이기도 하다. 그러나 이들은 피부에 털이 있어 이 위험성을 극복했다. 이들은 몸속에 항상 일정한 온도를 유지하는 난로를 가지고 다닌 셈이다.

　파충류는 몸 전부의 기능이 외계온도에 절대적으로 의존하고 있다.

외계가 파충류에게 적당한 일정 범위 내의 온도를 유지해 줄 경우에만 그 환경 속에서 삶을 누릴 수 있다. 오늘날 뱀이 겨울에 외계온도가 내려가면 몸의 기능을 발휘하지 못하고 땅속에 숨어 모든 활동을 정지한 채 겨울이 다 지나가기를 기다렸다가, 봄이 되어 적당한 온도가 되면 비로소 땅 위로 나오는 것만 봐도 파충류의 활동이 얼마나 외계의 온도에 의존하는가를 알 수 있을 것이다. 포유류는 이 장애를 최대한으로 극복하여 극히 차거나 더워 몸의 온도를 도저히 유지할 수 없는 극한 상황이 아닌 한 체내의 모든 기능은 진행된다.

학자들은 중생대의 조산운동이 진행 중이던 고지에서 이러한 진화가 이루어졌을 것이라고 말하고 있다. 왜냐하면 산지가 형성될 때 그 산지 일대는 한랭해지기 때문에 그 당시의 파충류는 그곳에 접근하지 못했을 것이고, 그렇다면 이러한 환경에 적응할 수 있는 몸의 구조와 습성을 가진 포유류만이 차지할 수 있는 공간이 되었을 것이기 때문이다.

포유류의 의의

포유류는 또한 매우 발달한 육아법을 발견했다. 파충류의 알을 비롯한 모든 알은 일정한 온도, 일정한 조건이 아니면 부화하지 않는다. 파충류가 알을 낳아 놓으면 태양이 보모 노릇까지 다 한다. 만일 알을 체내에서 부화시킬 수 있는 방법을 발견했다면 파충류의 위험하고도 서

투른 육아법은 극복될 수 있었을 것이다. 바로 이러한 새 발견이 포유류에 의해 이루어진 것이다. 태반 또는 모태가 바로 그것이다. 사람이 태반포유류이고 또 우리가 기르는 모든 가축이 태반포유류이며 이들이 몸속에서 새끼를 얼마나 충분히 기른 다음에 낳는지 잘 알고 있을 것이다. 오늘날에도 호주에 가면 오리너구리와 같은 알을 낳는 포유류를 찾을 수 있고, 또 캥거루같이 배에 주머니를 달고 새끼를 기르는 유대류를 볼 수 있다. 그러나 이런 것은 진화과정에서 일종의 습작에 불과하고, 그들은 결코 성공적이 아니었다. 그들은 생물 역사의 천연기념물처럼 지구상 특정한 구역 내에서만 그 종족의 명맥을 유지하고 있다.

유대류에 관해 좀 더 이야기하면 오늘날 북아메리카 대륙에 사는 유대류인 주머니쥐(opossum)를 닮은 화석이 북아메리카의 백악기층에서 나왔다. 유대류의 선조가 언제 호주에 건너갔는지는 분명치 않으나 여러 갈래로 발달된 유대류가 살고 있는 것으로 보아 아마도 백악기 중에 이미 남아시아로부터 건너간 것이 아닌가 생각된다. 유대류는 임신기간(gestation)이 매우 짧아 미국의 주머니쥐는 12~13일이고, 호주의 캥거루는 약 40일이다. 이들은 아직 배아기(embryonic stage), 즉 태아의 단계에 있는 조그마한 새끼를 낳는다. 새끼들은 어미의 배 밑에 달려있는 주머니를 앞발로 찾아 기어간다. 그리고 어미의 젖꼭지에 매달려 한동안 젖을 받아먹고 큰다. 이 생식 방법은 태반을 가진 포유류보다는 불완전한 것이지만 이 생식 방법 자체가 열등했기 때문에 태반포유류와의 경쟁에서 밀려났는지는 의문이다. 그래서 어떤 학자는 아마 그들의 지능이 낮은 것이 쇠퇴하게 된 원인이 아닌가 생각하고 있다.

아무튼 오늘날 지구상에서 판치고 있는 포유류는 태반포유류다. 이들은 긴 잉태 기간 동안에 모태에서 충분히 자란 새끼를 낳는다. 태반포유류이건 유대류이건 간에 포유류의 공통된 특징의 하나는 유선(乳腺)을 가졌다는 것이다. 파충류는 노른자위라는 영양제를 알 속에 가지고 태양열의 자비심에 알을 맡긴 채 뒷일을 돌보지 않는다. 파충류가 쇠멸한 원인의 하나는 이들의 알을 즐겨 찾아 먹는 포유류가 있었기 때문일 수도 있다. 파충류와는 대조적으로 포유류는 오랫동안 뱃속에서 체온으로 새끼를 길러 낳은 후에도 품속에 안고 젖을 먹여 완전히 독립된 생활을 할 수 있는지를 확인한 후에야 떼어 놓는다. 후손의 생명을 위해 이토록 공을 들이는 습성을 가진 종족의 후손이 번성하지 않는다는 것은 생각할 수 없다.

이 밖에도 포유류에는 많은 장점이 있다. 파충류보다 뼈의 수를 줄이고, 민활한 운동을 할 수 있는 체격을 가졌다. 일반적으로 파충류의 모습은 엎드려뻗쳐를 해서 팔을 구부리고 있을 때와 같은 자세를 가진 대신 포유류는 오늘날 우리가 개나 말에서 볼 수 있듯 거뜬한 자세를 가지고 있어서 빨리 그리고 자유자재로 몸을 놀리고 뜀박질할 수 있게 되었다. 그러나 가장 우리의 주목을 끄는 것은 이러한 기민한 운동을 조절할 수 있고, 모든 외계의 사태에 대처해서 적절한 반응을 보일 수 있는 신경과 두뇌를 발달시켰다는 사실이다.

제9장

척추동물의 진화

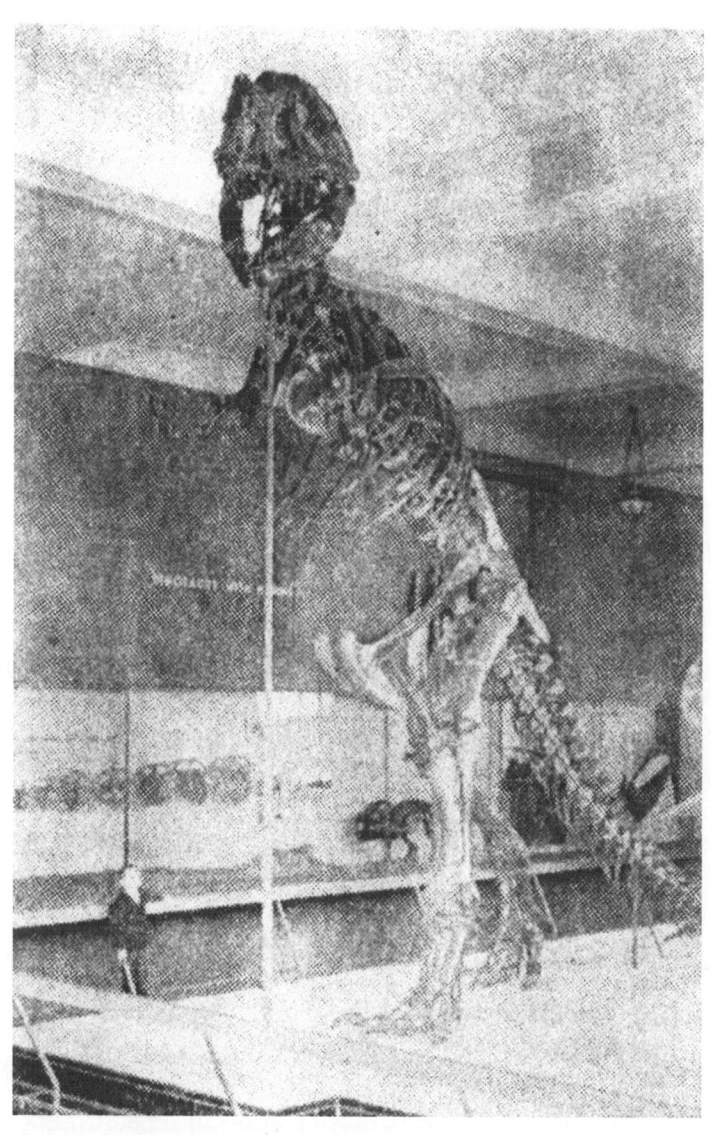

후기 백악기의 육식공룡인 티라노사우루스(Tyrannosaurus). 육상 최대의 육식동물. 뉴욕의 아메리카 자연사 박물관.

무악류

척추동물은 무척추동물의 어느 부류에서 기원했을까? 근래 학자들은 극피동물을 생각하고 있다. 그다음에 척삭은 생겨났으나 척추는 아직 발달되지 않은 동물류의 단계를 거쳤으리라 추정되나 이 또한 화석의 증거는 빈약하다. 오르도비스기 중기에 와서야 단편적이나마 원시적 척추동물의 화석을 다수 남기고 있는데, 이들은 벌써 상당히 특수화되어 있고 움직일 수 있는 진짜 턱이 생기기 이전의 어류, 즉 무악류(agnatha)로 분류된다. 대표적인 것은 실루리아기 후기 내지 데본기 후기의 갑주어(ostracoderms 또는 osteostraci)인데, 이는 단단하고 납작한 두갑(頭甲)을 가지고 있었다. 이들의 화석은 흔히 머리통의 조각이나 비늘 모양의 것이 발견된다. 다행스럽게도 매우 잘 보존된 갑주어가 그린란드와 스피츠베르겐의 후기 실루리아기계(系) 실루리아기계는 실루리아기층과 같다. 계는 전문용어다.

와 데본계에서 발견되어 스텐시오(Erik A. Stensio)와 그의 동료들은 갑주어가 현생 반기생의 칠성장어(lampreys) 및 먹장어(hagfish), 즉 시클로스토네스(cyclostones)와 유연관계가 깊다는 것을 밝힐 수 있었다.

갑주어는 대개가 담수 내지 반염수층에서 발견된다. 헤미세팔라스피스(Hemicephalaspis) 같은 것은 큰 두갑(머리통)과 납작한 몸(뼈판으로 덮임)을 가지고 있었다. 이들은 못(池)이나 반염수의 만(灣)의 바닥을 뒤지고 다니면서 턱 없는 입속으로 유기물질을 빨아들여 영양을 섭취했던 듯하다. 갑주어의 가장 큰 특징은 턱이 없는 것이다. 아가미는 없었으나 어떤 갑주어는 호흡에 사용된 주머니 안에 아가미 주름이 10쌍이나 있었다. 두개는 골질 또는 연골질로 되어 있었다. 그러나 진짜 체골격은 없었다. 몸의 길이는 30㎝ 미만이었다. 생식 방법은 현생 칠성장어와 먹장어를 통해 추측할 수 있을 뿐이다. 이들을 보면 암컷이 냇바닥의 우묵한 곳에 알을 낳는 즉시 수컷의 정액에 의해 수정된다. 알은 곧 펄에 덮인다. 생식 후에는 어미와 아비는 죽어버리므로 새끼는 보호받지 못하지만 펄 밑에 묻힌 알에서 태어나는 숫자가 워낙 많기 때문에 일부는 살아서 다시 자손을 퍼뜨린다.

판피류

척추동물은 8개 강(綱)으로 나뉘는데 그중 4강(무악류, 판피류, 연골어류, 경골어류)이 어류를 이룬다. 실루리아기 후기와 데본기층에서 척추동물 진화의 제2단계 증거를 얻는데 이때 판피류(placodermi)는 대방산(大放散)과 여러 가지 특수화를 보여준다. 이들은 턱과 골격을 가졌고, 흔히 가슴지느러미(胸鰭)를 가지고 있었다. 판피류인 마디목고기들(Arthrodires)은 데본기의 가장 무서운 동물이었는데 어떤 종류는 길이가 10m나 되었다. 머리와 몸은 복잡하게 이어진 무거운 뼈판으로 둘러싸여 있고 등은 뼈판이 마디로 이어져 있기 때문에 마디목고기라고 불린다. 몸의 뒷부분은 피부와 드문드문 흩어진 소골(小骨)로 둘러싸여 있다. 턱은 뼈로 되어 있으며 입에는 이빨 모양의 날카로운 돌기가 있다. 이 거대한 고기가 다른 고기를 잡아먹을 때는 아래턱은 고정되어 있거나 아래로 약간 움직이는 데 비해 위턱, 즉 두개가 번쩍 들려 입이 벌어진다. 모든 마디목고기가 다 컸던 것은 아니다. 처음엔(실루리아기 말) 담수와 반염수에 사는 작은 종류(길이 50cm 정도)가 나타났다.

연골어류

판피류는 석탄기 초에 멸망했으나 연골어류, 즉 상어들은 그들의 전성기였던 석탄기 이후에도 생존을 유지하여 오늘에 이르고 있다. 이들의 골격은 연골질이다. 귀는 세 개의 반원통형의 관을 가지고 있으며 이 점은 이들 이상의 모든 고등척추동물과 공통된다. 그러나 소리를 효율적으로 받아들이는 구멍(귀)은 없다. 양성(兩性)이며 수정은 몸 안에서 수행된다. 대부분의 상어 암컷은 수정란을 수란관(나팔관) 속에 간직했다가 거기서 부화시켜 마침내 활동 가능한 새끼를 낳는다. 상어의 속(屬) 무스텔루스(Mustelus)는 수란관 속에 태반 비슷한 구조를 가지고 노른자 주머니로부터의 먹이 공급이 끊어지면 배에 영양을 공급하도록 되어 있다.

경골어류

어류 중 네 번째로 큰 강은 연골어류(osteichthyes)이며 우리가 아는 고기의 대부분이 여기에 속한다. 이들은 연골어류와 함께 실루리아기 때 판피류에서 기원했으나 중생대 이래 단연 우세한 어류로 등장하여 오늘에 이르렀다. 연질류(chondrosteans)는 고생대형인데 극소수의 퇴보형이 현존한다. 예를 들면, 철갑상어(sturgeons)가 있는데 이미 이는 뼈가 없다. 진골류(teleosts)는 페름기 말-트라이아스기의 여러 부류에서 기원하여 쥐라기 초부터 대단히 팽창하여 오늘날 해수와 담수에 사는 물고기의 거의 대부분이 되기에 이르렀다.

총기류(crossopterygians)와 폐어류는 특이한 방향으로 진화했다. 폐어는 데본기에 흔했지만 그 뒤로는 침체하여 오늘날 호주, 남아메리카, 그리고 아프리카에 그 후예가 남아 있다. 양서류는 총기류에서 기원했다. 총기류는 백악기 말에 절멸했다고 추정되었으나 그 후예인 라티메리아(Latimeria)가 최근 아프리카 연안 멀리서 발견되었다. 이는 살아 있는 화석의 한 예다.

양서류

척추동물 8개 강 가운데 어류에 속하는 4강을 제외하고 남은 4

개 강, 즉 양서류, 파충류, 조류, 포유류는 '네발 동물'을 이룬다. 양서류가 데본기 말에 총기류에서 기원했다는 것은 총기류(어류)와 양서류의 거의 완전한 중간형이 그 시대 지층에서 산출됨으로써 확실해졌다. 데본기에서 트라이아스기까지의 원시적 양서류의 대부분은 미치류(labyrinthodontia)라는 극히 다양한 무리에 속한다. 이들의 대부분은 현존 양서류보다 몸집이 컸고, 무겁고 납작한 두개골과 길이가 같은 네 개의 약한 다리와 뭉툭한 꼬리를 가졌다. 데본기 동안 육상식물은 계속 번성하여 척추동물이 육지를 점령할 수 있는 습기를 마련해 줬다. 젖은 피부를 가진 양서류는 물 밖에 나와서도 그늘진 숲이 있기 때문에 쉽게 탈수(脫水)하지 않았다. 이때 공기 호흡하는 방향으로의 진화가 일어났다는 것을 그린란드의 후기 데본계에서 발견한 최초의 양서류이자 미치류인 이크티오스테가(Ichthyostega)가 보여 준다.

총기류의 특징을 아직 간직 하고 있는 이크티오스테가는 두골의 길이는 약 15㎝이고 비교적 납작했지만 단단했다. 두골 전면에 상당히 서로 떨어져 위치한 눈은 선조들 것보다 컸다. 꼬리지느러미 일부가 아직 붙어 있기는 하지만 미치류는 네발돋치의 특징인 다섯 발가락을 가진 사지를 발달시켰다. 양서류에 도달한 것이며 적어도 일시적 육서가 가능해졌다. 알은 아직 탈수방지가 잘 안 되어 있어 물에다 낳았던 듯하며 새끼들은 탈바꿈 기간의 대부분을 물속에서 아가미로 산소를 얻고 있었던 듯하다. 개구리와 두꺼비를 포함하는 개구리목(Anura)은 길고 필 수 있는 뒷다리를 가진 것과 장성하면 꼬리가 없어지는 것이 특징인데, 이들의 최초의 다소 의심스러운 친척은 석탄기 후기에 벌써 나타났지만 확실한 친척은 쥐라기 후기에 와서야 나타났다. 이들은 가장 흔한 양서류다. 도롱뇽(salamander)과 그 친척, 즉 도롱뇽목(Urodela)은 도마뱀과 비슷한 모양을 가지고 있다. 이들은 백악기 이전에는 알려지지 않았으며 그 기원은 아직 미지인 채로 남아 있다.

파충류

양서류에 비하여 개체 발달의 초기 수서단계(水棲段階)가 없는 것이 특징이다. 석탄기 후기에 미치류에서 기원하여 페름기와 중생대 동안 우세한 육지동물이 되었다. 양서류와 파충류의 중간형은 얕은 못의 모래 바닥에 알을 깠을 것이다. 못의 물이 증발해 버리자 약간의 물기가 알 주위에 남았을 것이다. 자연도태는 튼튼한 껍질과 배(胚)에 영양을 공급할 더 많은 노른자를 가진 알에 유리하게 작용했을 것이다. 이리하여 양서류의 알에서 진화하여 마침내 반막을 가진 알이 생겨났다. 알을 낳기 위해서 물로 돌아가는 대신 보다 진화된 이 척추동물은 점차 습관을 달리하여 물가에서 떨어진 따뜻하고 습한 모래에 알을 낳게 되었다. 그들의 알은 해변 모래사장과 하천 모래 둑에 낳아놓는 비교적 껍질이 얇은 거북 알 같았을 것이다. 어미가 몸속에서 수정한 한 배의 알을 습한 모래 위에 낳아놓으면 햇볕이 이를 부화시킨다. 배가 발달하는 동시에 배에 영양을 댈 큰 노른자위 주머니가 생겨난다. 액체가 든 모래집(반막)이 배를 둘러싸서 보호하는 구실을 하며 다른 주머니, 즉 뇨막(尿膜)은 노폐물을 받아 담는 구실을 한다. 한편 알 껍질과 그 안쪽의 막, 즉 난막(卵膜)은 산소는 알 속으로 스며들어 가고 알 속의 이산화탄소는 새어 배출되어도 알의 수분은 새어 나오지 않도록 만들어져 있다.

미국 텍사스주 시모어(Seymour) 부근의 페름기 전기층(前期層)에서 발견된 세이모리아(Seymouria baylorensis)는 그 구조가 미치류(양서류의 한 무리)와 파충류의 중간이어서 그 분류는 아직 의문의 여지가 있다. 이 동물이 알을 물에 낳았는지 물속에 낳았는지에 관해서는 알려지지 않았다. 그러나 로머(Alfred S. Romer)는 텍사스의 페름기 전기의 적색층에서 한 개의 알 화석을 기재한 일이 있고, 이 적색층은 육지에서 만들어진 지층이므로 당시의 동물 가운데는 육지에서 알을 낳는 종류가 존재하고 있었음이 틀림없다. 확실한 파충류 화석들이 페름기 전기의 지층에서 발견되므로 그 이전, 즉 석탄기 어느 때 파충류가 생겨났다고 생각할 수 있다. 따라서 시모어 부근에서 난 세이모리아가 파충류 선조가 아닌 것은 분명하다. 아마도 석탄기 후기쯤에 미치양서류에서 파충류가 생겨난 이후에도 세이모리아 갈래는 수백만 년 동안을 큰 진화 없이 원시적인 상태를 지속한 듯하다. 이러한 현상은 생물 진화에 흔히 있다. 원시 파충류인 배룡류(Cotylosauria)는 그 구조가 미치류(양서류)와 매우 가까운 점으로 미루어 미치류로부터 기원한 것으로 생각되고 있다. 배룡류는 미치류에 비하여 다리가 훨씬 강하여 육지 생활에 잘 적

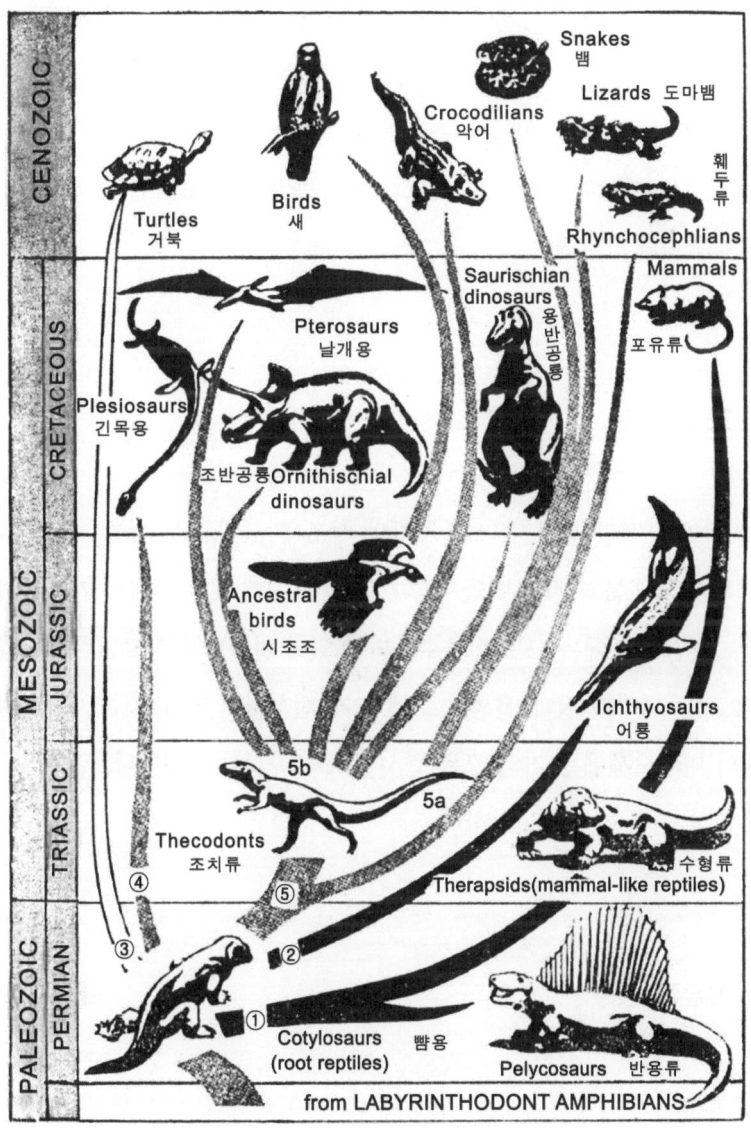

그림 9-1 | 파충류의 진화

응되어 있었으며 화석 기록에 따르면 석탄기 후기에서 트라이아스기 후기까지 생존했다. 배룡류로부터 기타 모든 파충류 무리가 생겨난 것으로 생각되고 있다. 이들 가운데 반룡류(Pelycosauria)와 반룡류에서 기원한 포유류형 파충류(수형류, Therapsida)는 포유류의 기원이라는 관점에서 특기할 만하다.

조류

제일 오래된 새인 쥐라기 중기의 시조새(Archaeopteryx)는 깃을 가진 파충류에 불과했다. 백악기 후기의 새도 어떤 것은 이빨을 가졌었지만, 그 점 이외에는 고도로 특수화되어 있어 완전한 새라고 할 수 있었다. 새는 백악기 말과 시생대 초에 크게 번성하여 다양화되었다. 신생대의 마이오세에는 거의 모든 현서류(現棲類)가 살고 있었다. 일반적으로 새의 화석 기록은 빈약하다.

포유류

포유류가 파충류와 다른 점 가운데 가장 중요한 것은 생리적인 것, 특히 태생, 포유, 온혈이다. 이러한 성질은 그 전부 혹은 일부가 수형류로 분류된 동물에서 이미 생겨났을 것이지만 화석을 가지고 직접적으로 결정할 수는 없다. 화석을 가지고는 아래턱의 이빨 있는 뼈(치골)가 두골과 직접적으로 관절로 이어져 있으면 포유류로, 관절로 이어져 있지 않으면 파충류로 분류한다.

제10장

온혈 공룡

기이한 공룡 데이노니쿠스(Deinonychus), '무시무시한 발톱(손톱, 발톱)'이라는 뜻이다(몸길이 2.5m). 톱같이 생긴 날카로운 이빨을 가졌으므로 육식하는 동물임을 알 수 있다. 모든 수각류가 그러하듯이 데이노니쿠스도 마치 큰 새와 같이 뒷다리로 서서 걷고 뛰었다. 두 다리를 도와 몸의 균형을 잡는 것을 돕기 위해 비교적 큰 꼬리를 가졌다. 가장 큰 특징은 네 발의 발가락 위에 길이 7㎝가 넘는 낫 모양의 뼈가 있다는 점이다. 적과 싸우거나 먹이동물을 잡을 때는 짧은 앞발로는 상대를 붙들고 한 뒷발로는 서고 다른 뒷발로는 낫 같은 발톱을 써서 상대의 배를 잡아 찢는 특이한 공격 방식을 가졌을 것이라고 예상하고 있다.

먹이가 다가오기를 기다리다가 빠른 운동을 할 뿐인 냉혈동물과는 달리 먹이를 쫓아 달음박질하고, 기민한 싸움을 지속해야 하는 동물이었을 것이므로 데이노니쿠스는 온혈동물이었다는 결론이 내려졌다. 데이노니쿠스뿐만 아니라 유사한 생태의 여러 가지 공룡에 대해 같은 결론이 내려지고 있다.

공룡을 새로운 눈으로 보다

공룡은 어떤 동물이었을까? 그들에게 어떤 사건이 일어났을까?

30여 년 전까지만 해도 공룡은 크고 천천히 움직이는 냉혈파충류였다고 단언했다. 1억 4천만 년 동안 지구의 왕자 노릇을 하다가 그만 후손을 남기지 못한 채 (이유는 잘 모르지만) 약 6천 5백만 년 전에 멸망했다고 말하곤 했다.

이제 고생물학자들 중에는 아주 다른 견해를 가지고 있는 학자들이 많다. 즉 공룡은 활발한 온혈동물이어서 포유류나 조류에 비교할 수 있고, 나아가서는 아주 멸망해 버린 것이 아니라 그 자손의 일부는 오늘날 새가 되어 남아 있다는 견해다.

예일 대학의 존 오스트롬(John Ostrom) 교수가 이런 생각을 하게 된 내력은 1964년 몬타나주의 어느 언덕 기슭에서 세 개의 발가락뼈를 발굴하고부터 시작된다. 그 크기는 사람 손가락보다 조금 클 정도였고 발가락 끝에는 크고 날카로운 발톱이 있어서 무엇이나 움켜쥘 수 있는 발이 발견되었던 것이다. 이 동물은 아주 새로운 종류의 공룡으로서 살던 시대는 약 1억 년 전쯤이었다. 그 공룡이 가진 생활습성의 놀라운 증거를 보여준 이 동물에게 오스트롬 교수는 데이노니쿠스(Deinonychus)라는 이름을 붙였는데 이는 '무서운 발톱'이라는 뜻이다.

신속(新屬)으로 판명

이 발톱은 그가 그 뒤에 공룡이 온혈동물이었음을 생각해내는 데 중요한 것이 되었다. 그러나 이 생각은 몬타나주 공룡발굴지에서 두 해 여름 동안 적어도 세 마리 데이노니쿠스의 1,000개 이상의 뼈를 연구한 뒤에 떠오른 것이다.

데이노니쿠스의 날카롭고 톱니 같은(serrated) 이빨은 그 동물이 육식류였음을 말해주고, 그 골격은 공룡의 수각(짐승의 발이란 뜻, theropods)류에 속한다는 것을 알려줬다. 수각류에 속하는 것으로 티라노사우루스(Tyrannosaurus)가 있는데 이는 데이노니쿠스가 살던 때보다 5천만 년 후에 살던 것이다.

티라노사우루스에 비해 데이노니쿠스는 70~80kg의 가벼운 몸무게를 가지고 있었고, 주둥이에서 꼬리 끝까지의 길이가 약 2.5m이고, 키는 1.3m 내외 밖에 안 된다. 모든 수각류가 그러하듯이 데이노니쿠스도 마치 큰 새와 같이 뒷다리로 서고 걷고 뛰었다. 앞다리(팔)와 손의 구조는 걷는 데 사용하도록 되어 있지는 않다. 두 다리 자세를 돕기 위해 데이노니쿠스는 비교적 길고 굵은 꼬리를 가졌는데 꼬리의 구조는 전에는 볼 수 없던 독특한 것이다. 즉 막대 같은 힘줄들이 온 꼬리를 지탱하고 있는데 그 힘줄 속에 뼈가 생겨 있음을 볼 수 있었다.

이 골질 힘줄 때문에 꼬리는 오늘날 고양이나 다람쥐 꼬리의 구실처럼 몸의 균형을 잡는 데 극히 유효했을 것이라고 추정하고 있다.

그러나 더 큰 특징은 그 이름처럼 발톱에 있었다. 전에 알려진 모든 수각류도 새 같은 발을 가지고 있었으나 데이노니쿠스도 각 발의 발가락 하나 위에 7㎝가 넘는 큼직한 낫 모양의 뼈가 있었다. 살아 있을 때는 날카롭고 구부정한 손톱 모양의 집이 이 톱뼈를 덮고 있었고 그 길이는 10~12㎝의 길이였을 것이다. 분명 이것은 무기였을 것인데, 아마도 먹이를 잡을 때 사용했을 것으로 생각하고 있다. 사용하지 않을 때 이 톱들은 움츠러들어 손상을 방지했을 것이다.

잡고 찢기에 알맞게 발달

데이노니쿠스는 두 발을 가졌고, 네 발로는 걸을 수도, 설 수도 없었다. 발톱을 가지고 적이나 먹이에게 달려들 때는 아주 날쌨을 것임에 틀림없고, 아마도 한 발에서 다른 발로 뛰면서 땅을 짚지 않은 발은 먹이가 되는 짐승이나 공격해오는 짐승을 차는 데 사용했을 것이다. 그렇게 후려 차는 공격을 하자면 아주 정확한 발과 눈의 상호협력과 몸의 균형 조절이 필요했다. 그러한 기민성과 속도는 냉혈파충류에게서는 기대하기 어려운 것이다. 데이노니쿠스가 주는 이미지는 타조처럼 크고 날지 못하는 새나 아프리카의 뱀잡이수리(secretary bird)같이 쫓으면서 먹이를 잡는 육식주자(肉食走者)나 북미서부의 도로주자(道路走者)와 같다.

데이노니쿠스의 팔과 손도 놀랍다. 날카로운 손톱을 가진 세 개의 손가락을 가진 긴 손은 붙잡는 데 적용된 것처럼 보였다. 손목 마디의 구조를 보면 마치 사람이나 일부 포유류처럼 손을 돌리고 젖힐 수 있어서 먹이동물을 움켜쥘 수 있게 되어 있다.

데이노니쿠스는 아마도 틀림없이 먹이동물을 쫓아 달음질치다가 힘센 두 손으로 그것을 붙잡아 날카로운 발톱으로 배와 옆구리를 찢던 빠른 육식동물이었을 것이다. 여러 개의 데이노니쿠스 표품과 함께 초식공룡인 테논토사우루스(Tenontosaurus)의 한 개체의 부분적 화석도 발견했다. 테논토사우루스는 먹이동물이었던 모양인데 공격동물보다 여섯 배 나 몸집이 커서 360~450㎏ 정도 되어 보였다. 따라서 오스트롬 교수는 데이노니쿠스가 떼를 지어 수렵을 했을 것으로 결론을 내렸다.

떼 사냥은 보통 온혈동물이 한다고 생각한다. 그런데 데이노니쿠스뿐만 아니라 다른 공룡 가운데도 떼를 지어 다니던 것이 있었다. 코네티컷주의 주립공룡공원에는 수천 개의 공룡발자국이 있는데 어떤 것들은 평행으로 놓여 있어 무리 지어 다니던 것을 암시한다. 매사추세츠주의 홀리오크는 28마리의 두 발 공룡의 발자국이 보존되어 있는데, 그중 19마리는 거의 평행하게 서쪽으로 걸어갔다. 이는 단체 행동의 분명한 증거다.

텍사스주에 있는 또 다른 장소에는 브론토사우루스와 유사한 거대한 초식동물의 떼가 지나간 자국이 있는데, 이 발자국은 미국 자연사박물관의 롤랜드 버드에 의해 처음으로 무리 행동의 증거로 인정되었다.

존스홉킨스 대학의 로버트 백커 박사는 구조적 무리가 남긴 것이라 해석했는데, 즉 어린 것들을 가운데 두고 어른 공룡들이 둘러싸면서 걸어간 것을 그는 읽을 수 있었던 것이다.

폴란드 바르샤바에 있는 고생물학연구소의 조피아 키엘란-야보로브스카(Joifa Kielan-Jaworowska, 1925~2015) 박사가 인도하는 고생물학자단이 1971년 몽고의 고비사막에서 엄청난 발견을 했다. 그들은 두 공룡의 골격이 엉켜 있는 것을 발굴한 것이다. 하나는 잘 아는 프로토케라톱스(Protoceratops)로, 자라 같은 주둥이를 가지고 식물을 먹고 사는 송아지 크기의 공룡이다. 다른 하나는 벨로키랍토르(빠른 도둑이란 뜻, Velociraptor)라는 희귀한 공룡으로 두 다리를 가진 사람 크기의 육식동물이다. 이 두 동물은 서로 죽인 것처럼 보였다. 두 마리는 함께 죽은 채로 묻혀 보존된 것이다. 벨로키랍토르는 데이노니쿠스처럼 두 뒷다리의 발끝에 큰 낫 같은 발톱을 가졌고, 한 발의 발톱들을 프로토케라톱스 배에 박은 채 죽어 있었다. 이 얼마나 놀라운 8천만 년 전의 삶과 죽음의 연극인가!

새는 직계 후손

데이노니쿠스와 벨로키랍토르가 날쌔고, 뒤쫓고, 뛰는 동물로 먹이를 쫓다가 잡아 찢어 죽이는 동물이라고 하면 현재 대부분의 냉혈파충류가 앉아 기다리다가 먹이를 사냥하는 것과는 매우 다르다. 이는 마치 뜀박질에 적응한 약탈형 새나 다수의 육식포유류가 살며시 유인하다가 공격하는 방법과 닮았다. 이것이 암시하는 바는 이들 현대형 수렵자처럼 약탈형 공룡의 적어도 일부는 온혈동물이었고 빠른 신진대사를 했으리라는 것이다.

데이노니쿠스와 벨로키랍토르보다 먼저 있었던 다른 작은 수각류는 공룡 이야기의 또 다른 재미있는 이야기의 주인공이다. 오스트롬 교수는 현대의 새들이 살아 있는 직계 후손이라 확신한다. 그래서 어떤 의미로는 우리가 학교에서 배운 바와는 달리 모든 공룡은 다 절멸해 버린 것이 아니다.

시조새 화석은 가장 중요한 화석의 하나다. 시조새는 가장 오래된 1억 4천만 년 전에 살았던 새다. 다만 5개 표품만이 알려졌지만 두 종류의 동물을 연결하는 중간형의 좋은 예다. 진화의 구체적 증거이며 공룡과 새의 잃어진 사슬이다(이름만 잃은 것일 뿐 실은 찾아진 것이다).

깃털, 날개, 그리고 털이 있는 긴 꼬리의 인상이 골격을 감싸고 있는 석회암에 남아 있다. 그러나 골격은 새가 아니라 파충류의 그것이며 턱에는 작으나 날카로운 이빨이 가득 박혀 있다. 골격은 데이노니쿠스, 벨로키랍토르, 오르니톨레스테스(Ornitholestes)와 같은 육식공룡과 매우 흡사하다. 시조새의 깃털을 보면 그것이 새인 것을 알 수 있으나, 그 골격을 연구해 보면 공룡 선조에서 그리 멀리 진화되지 않았음을 알 수 있다.

현대의 새는 온혈이며 활동적인 생물이다. 시조새도 온혈동물이 아니었나 생각된다. 새와 수각류의 연결형이 온혈동물이라면 이는 적어도 수각류 공룡 또한 온혈동물이었음을 암시하는 것이 아니었겠는가?

새가 공룡과 유연관계가 있을 것이라는 생각은 전혀 새로운 것은 아니다. 유명한 영국의 생물학자 토마스 헨리 헉슬리(Thomas H. Huxley, 1825~1895)는 1세기 이상 전에 그런 암시를 했다. 그는 조그마한 공룡 콤프소그나투스(멋진 턱, Compsognathus)와 최초의 시조새 표품의 유사성에 주목했는데, 양자는 함께 1861년 타타리아의 석회암에서 보고되었다. 헉슬리의 설은 호감을 얻지 못했으나 오스트롬 교수는 새가 수각류 공룡에서 시조새를 거쳐 생겨났다는 증거는 압도적인 비중을 가지는 것이라고 생각한다.

그러나 오스트롬 교수는 시조새만이 유일한 잃어버린 사슬이라는 견해를 수정하게 하는 새로운 증거 때문에 아찔해 했다. 유타주의 브리건 영 대학이 제임스 젠센 교수는 콜로라도주 서부이 언컴파그레 고원에 있는 드라이 메사 채석장에서 최근 중요한 발견을 했다. 이곳은 지난 반세기 동안 북미에서 발견된 가장 중요한 후기 쥐라기의 화석산지 중의 하나다.

1971년에 발견된 이 산지에서는 아마도 알려진 최대의 공룡일 듯한 거대한 뼈들이 발굴된 것 외에 아주 조그마한, 성냥개비만한 크기의 뼈들도 발견되었다. 젠센 교수가 이 조그마한 뼛조각의 하나를 오스트롬 교수에게 보여줬을 때 그는 그것이 나는 공룡, 즉 미주에서는 드문 익룡(Pterosaur)의 날개의 한 부분임을 알고 놀랐다.

드라이 메사 채석장에서는 십여 개의 익룡 뼈와 원시 포유류의 뼈 하나와 새의 것인 듯한 뼈 하나가 발견되었다. 오스트롬 교수는 그 발견물을 보려고 채석장으로 젠슨 교수를 찾아갔는데 그때 오스트롬 교수는 그 뼈가 새와 유사한 형태를 가진 것을 보고 놀랐다. 즉 넓적다리 뼈의 일부로 보이는 2인치 길이의 뼈는 중심이 비어 있었다. 거의 시조새만큼 오래된 것이었지만 이 뼛조각은 어떤 의미로는 시조새의 같은 부분보다 더 새를 닮은 듯 보였다.

젠슨 교수와 오스트롬 교수는 이 생물의 정체를 주제로 토론했다. 새냐, 익룡이냐, 포유류냐, 공룡이냐? 만일 새라는 것이 증명되면 그것은 매우 중요한 발견이다. 왜냐하면 시조새는 지금까지 알려진 유일한 쥐라기의 새이기 때문이다. 만일 이 동물이 시조새만큼 오래된 새이면서 보다 진화되었음이 증명된다면 지금까지 시조새가 새의 시조로서 유일한 것이었던 것에 대한 도전이 될 수 있다.

그러나 그들이 가진 것은 뼈 한 조각뿐이었다. 새를 닮았을 뿐 확인할 수는 없었다. 젠슨 교수와 그 동료들은 북미에서 쥐라기 새의 확실한 증거를 찾아내려고 한 알 한 알 깡그리 발굴 해가고 있지만 아직은 실망뿐이다. 그래도 보물사냥꾼들은 행운의 발견에 희망을 걸고 쉴 줄을 몰랐다. 또다시 한 개의 작은 새와 유사한 뼈가 나왔지만 그 정체는 아직 불명이다.

과학자들은 아직 해답을 찾고 있다

공룡에 관한 호기심을 끄는 많은 문제가 남아 있다. 왜 공룡은 과거나 현재의 어떤 동물과도 그렇게 다른가? 그리고 그들은 어떻게 살았는가? 왜 그들 다수는 그렇게 몸집이 컸는가? 그들은 계속해서 자랐는가? 그렇게 커질 때까지 얼마의 시간이 걸렸는가? 그들은 어떻게 몸을 놀리며 운동했는가? 그 큰 동물이 살아가려면 그 먹이를 어떻게 다 충당할 수 있었는가? 우리는 아직도 모르고 있다. 그리고 마지막으로 가장 큰 신비인, 그렇게 많았던 종류의 공룡들이 6천 5백만 년 전 외견상 상당히 갑자기 절멸했다는 사실이다. 1억 4천만 년간 지구상에 군림한 뒤 사라진 것이다. 왜 그렇게 되었을까? 적응력 높고 크게 성공적이던 여러 종류의 동물들을 죽여 없앤 것은 과연 무엇이었을까?

제11장

영장류, 유인원, 그리고 인류

안경원숭이(Tarsius). 눈과 손의 발달이 영장류의 큰 특징이다.

영장류의 특징

여우원숭이, 안경원숭이, 유인원 및 사람을 포함하는 영장류는 포유류의 기본적 구조를 잘 갖추고 있다. 그러나 포유류 가운데서도 이들은 특히 사지가 길고 손발이 크며 납작한 톱(손톱, 발톱)이 있는 다섯 가락(손가락, 발가락)을 가지고 있다. 엄지가락은 다른 가락들 위에 겹칠 수 있어서(prehensile) 물건을 만지거나 나뭇가지를 붙들기 알맞게 적응되었다. 대체로 이들의 골격과 기관의 발달은 수상생활의 습성과 밀접한 관계를 가지고 있다.

영장류라고 하면 그들의 민첩하고 능란한 나무 재주를 연상하게 된다. 수상생활에 적응하면서 비로소 팔과 다리(따라서 손과 발)의 구별이 생겼으며, 몸통 운동이 필요해졌고 사지를 최대한으로 벌리고 놀릴 필요가 생겼으며, 이 필요성을 만족시키는 방향으로 상당한 범위의 회전 운동을 할 수 있는, 뼈마디가 거의 모든 방향으로 움직일 수 있는 자유롭고 민첩한 골격을 발달하게 된 것이다. 특히 손과 손가락의 발달은 의의가 크다.

그들의 다른 큰 특징은 비교적 큰 두뇌와 매우 발달된 눈을 가진 점이다. 수상생활이 반드시 두뇌의 발달을 가져온다고 볼 수는 없으나 수상생활이 두뇌의 발달을 가장 필요로 한다는 것은 명백하다. 영장류의 두뇌 발달은 뇌의 후각부가 작아지는 대신 대뇌가 큰 것이 특징인데 대뇌는 종합적 판단을 맡은 기관이다. 나무를 타고 살아가는 데는 약간의 실수도 치명적이기 때문에 활동을 날쌔고 활발하게 통괄할 기관이 필요해진다. 항상 전전긍긍하여 손발 붙일 곳과 몸 둘 곳에 쉴 새 없이 주의를 기울여야 하며, 주위의 사태에 빠른 반응을 보여야 한다. 이들은 늘 머리를 써야 하므로 머리가 필요했다.

 실로 영장류는 늘 허겁지겁하며 부지런히 움직이고 시력이 좋은 눈으로 늘 주위를 두루 살피고 적을 경계하며 먹이를 찾아다녔다. 이들에게는 좋은 시력이 필요한 대신 후각은 크게 필요치 않았다. 그 때문에 일반적으로 코의 크기는 작아지고 후각은 매우 퇴화되었다. 그 대신 일반적으로 눈은 크고, 또 앞으로 박혀 있어서 어떤 동물보다 원근 거리를 측정하는 쌍안시력(binocular vision)이 발달했다. 손과 머리와 눈, 이 세 가지가 영장류를 영장류로 만든 것이다.

유인원의 진화 방향

 꼬리가 없는 것은 유인원의 매우 두드러진 특징이며 인류와 공통된 특징의 하나다.
 꼬리는 하등 영장류에서는 나무 위에서 몸의 균형을 잡는 데 사용되었으며 남아메리카 원숭이(cebids)는 나뭇가지를 붙잡는 데 사용한다. 본래 교리는 손이 없는 동물이 손대신 쓰던 것이다. 고등 영장류는 팔과 손이 발달함에 따라, 그리고 직립 자세를 취하게 됨에 따라, 꼬리는 불필요할 뿐 아니라 거추장스러운 것이 되었다.

　팔이 길어지는 경향은 원숭이에게도 이미 있었으나 유인원에 와서 매우 두드러졌다. 나뭇가지 위를 달리는 것보다 이 가지에서 저 가지로 또는 이 나무에서 저 나무로 뛰어 건너는 것은 큰 선택가치(selective value)를 가졌을 것임에 틀림없다. 유인원은 원숭이보다 대개 몸집이 크기 때문에 원숭이 모양으로 나무 위를 걷는 데는 부적당하여 팔로 그네뛰기(branchiating)의 습성을 가지고 진화했다.

　몸무게가 비교적 육중한 종류에는 이 습성도 부적당하고, 또 몸집에 비례하여 많은 먹이가 필요하기 때문에 나무 위에서 차츰 땅으로 내려가는 것이 유리했다. 팔이 길어진 것은 신생대 후기에 열대림의 분포가 좁아짐에 따라 유인원의 일부가 수상생활의 습성에서 지상생활로 돌아갔을 때 새로운 자세의 가능성을 위한 밑천이 되었다. 그들이 처음 땅 위에서 네 발로 걸었을 때 긴 팔 때문에 거의 직립에 가까운 자세가 되었을 것이기 때문이다. 오늘날 고릴라와 침팬지에서 그것을 잘 볼 수 있다.

　체구가 커지는 것은 유인원 진화의 중요한 경향이다. 현재 유인원 중에서 고릴라가 가장 거구이지만 플라이스토세의 아시아에는 그보다 더 큰 거구의 유인원(기간토피테쿠스, Giantopithecus)이 살았다는 것이 그들의 이빨과 턱뼈 조각으로 알려졌다. 이들의 선조인 프로콘술(Proconsul)은 현생 유인원에 비해 작은 동물이었다. 체구의 대형화와 더불어 뇌의 크기가 현저히 증가했다. 유인원의 머리는 크고 둥글다.

　치관(齒冠)은 낮고(low crowned), 이빨은 상당히 일반화되었다. 원숭이의 아랫어금니가 네 뾰족끝(cusp)을 가진 것과 달리 유인원의 아랫어금니는 다섯 뾰족끝[프로플리오피테쿠스(Propliopithecus)부터 그랬다]을 가졌다. 어떤 유인원은 매우 큰 송곳니가 있으나 이는 육식을 위한 것이 아니라 싸움에 쓰였다. 어떤 종류는 약간의 고기도 먹지만 대부분의 유인원은 전적으로 채식성이다.

인류의 진화적 위치와 방향

사람과 유인원의 태아는 흔히 공통된 개체 발생 단계를 거치는데, 예를 들면 5주까지는 태아에 꼬리가 있다가 그 후 점차 축소되어 8주가 되면 없어지고 만다. 특히 고릴라와 침팬지는 구조적으로 사람과 많은 공통점을 가지고 있다. 이 삼자의 장성체는 완골(wristbones centrale) 중 하나가 없어졌지만 이들의 태아에게서는 그것을 볼 수 있고, 또 재미있는 것은 이들 이외의 영장류의 장성체는 일반적으로 그 뼈를 가지고 있다는 점이다. 또 다른 예를 들면 비강(nasal cavity)을 둘로 갈라놓는 공기집들의 수와 위치가 사람, 고릴라, 침팬지는 같지만 다른 영장류는 그렇지 않다. 또한 사람의 질병은 다른 어떤 영장류보다 고릴라와 침팬지에 잘 감염되고 또 접종 효과에서도 그렇다는 것이 알려졌다. 이러한 사실들은 이 동물들이 진화 발달상 가까운 관계를 가졌다는 것을 의미하는 것으로 해석된다.

유인원에 비하여 인류가 가지고 있는 주요 구조적 특징은 1) 뇌가 대단히 크고 얼굴이 짧다, 2) 송곳니가 짧고 이틀 모양이 (유인원의 것이 U자형임에 비해) 뒤쪽으로 벌어졌다, 3) 완전한 직립 자세를 가졌고 (유인원과는 반대로) 다리가 팔보다 길고, 엄지발가락은 파악 기능이 없다는 점 등이다. 이러한 인류의 특징 가운데 가장 중요한 것은 큰 두뇌와 직립 자세다. 인류 진화사를 통괄해 보면 인류의 모든 다행스러운 특징은 이 두 가지에서 파생되었다.

뇌의 발달과 직립 자세의 완성은 인류 진화의 가장 기본적인 방향이다. 현생 유인원 가운데 몸집이 가장 큰 고릴라의 두개용량(cranial capacity)은 500 내지 600㎤이다. 오스트랄로피테쿠스(Australopithecus)의 두개 용량은 약 600㎤로 그들의 드리오피테쿠스(Dryopithecus) 선조보다 한층 발달된 단계의 것이다.

플라이스토세의 가장 원시적인 인류의 두개 용량은 약 900㎤이던 것이 플라이스토세 후기와 현세의 인류에 이르러서는 최소 1,200㎤ 내지 최대 2,000㎤에 달했다. 뇌의 크기(체구에 비한 뇌의 크기)는 지능 발달의 대략의 지시자이다. 두개 용량이 약 900㎤이던 초기 인류의 체구는 현대인과 비슷했으므로 플라이스토세 동안에 배로 증가한 셈이다. '사람이 사람이 된 것은 그의 뇌 때문이다'라는 말은 과언이 아니다. 신체상으로 혹은 구조상으로, 사람은 몸집이 큰 많은 다른 동물들보다 훨씬 열등하다. 사람이 적을 물리치고 환경에 적응하는 데 큰 성공을 거둔 것은 한마디로 말하면, 사람이 생각하는 동물이기 때문이다. 생각하는

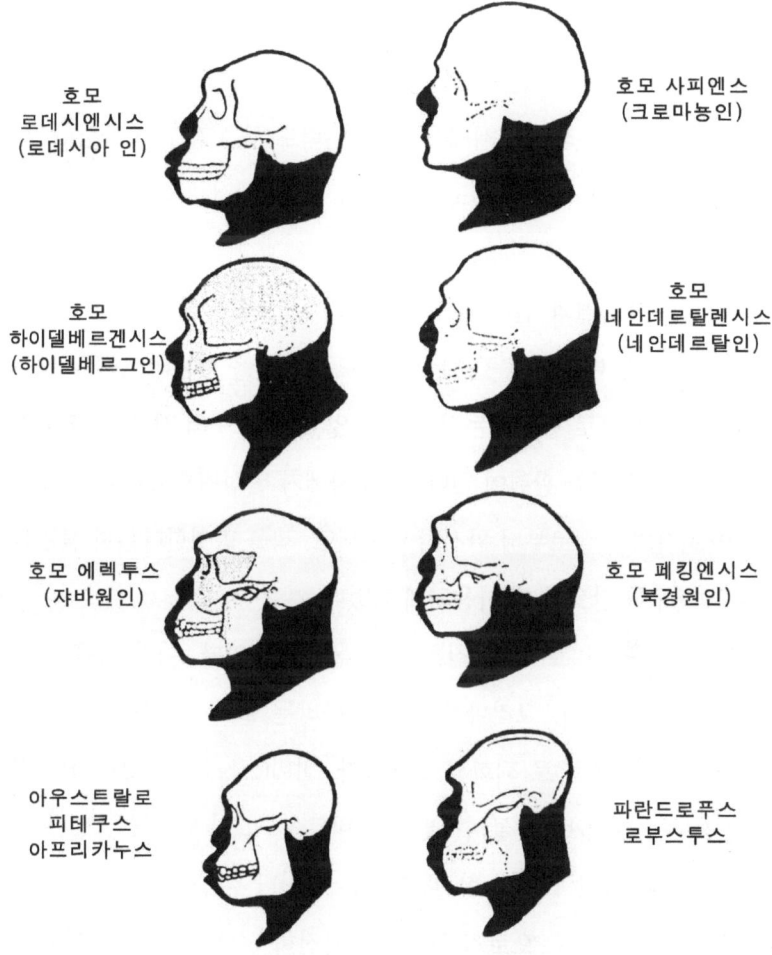

그림 11-1 | 원인(原人) 두골 비교

기능은 자연히 사고 내용을 전달하는 수단을 발명하게 했다. 언어와 표정의 발달은 인류 특유의 진화에 큰 박차를 가했다.

뇌가 커짐에 따라 두개는 특히 전단부가 팽대되어 플라이스토세 후기와 현세의 인류는 넓은 이마와 솟은 머리를 가지게 되었고 얼굴은 점점 짧아지고 또 수직으로 서게 되었으며, 턱도 차츰 짧고 작아졌다. 턱이 짧아짐에 따라 이틀은 선조가 가졌던 U자형에서 차츰 작은 포물선형으로 되었다.

지능 증가의 결과 인류는 그 발달사의 초기에 이미 도구를 만드는 동물이 되었다. 야수의 송곳니는 칼과 도구 구실을 했는데, 인류에게는 도구가 있었으므로 송곳니는 발달하지 않았다. 도구의 사용은 직립 자세의 성립과 밀접한 관련이 있다. 직립 자세가 완성됨으로써 손은 운동 기관으로서의 구실로부터 완전히 해방되고, 적을 방어한다든지 물건을 다루고 도구를 만드는 데 사용되게 되었다.

사람은 두 다리로 걷는 최초의 동물은 아니었다. 어떤 공룡은 뒷다리로 걸어 다녔다. 그러나 그들의 앞다리는 팔의 구실을 하지 못하고 무력한 지체(肢體)로 퇴화되고 말았다. 비비(baboon)나 고릴라와 같은 영장류는 제법 바로 설 수 있고 또 바로 서서 몇 발자국은 걸을 수 있다. 그러나 빨리 달리려 할 때 그들은 손이나 손가락 마디(knuckles)로 땅을 짚어야 한다. 오로지 사람만이 완전히 선다. 인류학자 라 바레(Weston La Barre)는 다음과 같이 표현했다.

"사람이 독보적인 존재가 된 것은 그가 직립 자세를 가졌기 때문이다(Man stands alone because he alone stands)."

직립 자세는 척추 모양의 변화를 의미한다. 인류의 선조들은 현생 유인원과 마찬가지로 척추가 단순히 약간의 곡선으로 되어 있었기 때문에 엉덩이 위의 상반신은 앞으로 기울어지고 머리를 어깨보다 앞쪽으로 내밀었다. 인류는 몸과 목을 꼿꼿이 세우고 머리는 목 위에서 균형을 잡는다.

신체가 중력의 방향과 일치하는 수직축을 따라 배열된다는 것은 팔을 신체의 운동기관의 구실로부터 해방시켜 물체를 다루는 일만 전담하게 하는 기능 분화를 위한 최선의 방편이 되었다. 신체의 지지와 지상에서의 운동 기능을 두 다리가 전담하게 되었으므로 발의 엄지는 파악 기능을 가질 필요가 없어졌고, 지면 위에서 보다 빠르게 달릴 수 있게 다리가 길게 발달되었다. 팔은 신체의 모든 부분에 편리하게 미칠 수 있고, 시력의 협조를 얻어 물체를 가장 편리하게 만지고 손질할 수 있는 적당한 길이를 유지하게 되었다. 그 결과 현생 유인원과는 반대로 사람의 팔은 다리보다 짧아졌다.

빙하시대의 역할

현재까지 기재된 모든 인류화석은 플라이스토세 지층에서 나왔다. 최근 아프리카의 플라이스토세 퇴적물 기저부를 칼륨-아르곤법으로 측정한 결과 플라이스토세의 시작은 지금부터 약 200만 년 전임이 알려졌다.

　인류의 시대인 제4기의 대부분을 점하는 플라이스토세는 이른바 빙하시대로서 일반적으로 한랭한 기후가 지구상을 지배했다. 이러한 기후의 변화는 인류의 진화에 특히 중요한 요소가 되었다. 신생대의 지구상 기후는 온난하고 안정했다. 플라이오세 동안 기후는 한랭해지다가 플라이스토세에 들어와서는 네 번의 큰 빙기(귄츠, 민델, 리스, 뷔름)가 엄습했다. 이때 빙하는 스칸디나비아반도를 중심으로 서방으로 남진하여 빙하가 가장 성했던 제2, 제3의 빙기에는 육지의 3분의 1 내지 4분의 1이 빙하 밑에 깔리게 되었다. 이 빙기 사이에는 세 번의 간빙기가 있었고 간빙기의 기후는 현재의 기후와 비슷하거나 혹은 더 따뜻했다. 플라이오세부터 기후대가 성립되었으며 온대에는 확연한 계절(열대에는 건계와 습계)의 구분이 성립되었다.

　빙기와 간빙기의 교대는 지구상의 대부분 지역이 한대에서 온대로 또는 온대에서 한대로 기후 변화를 겪는 것을 의미하며 계절의 변화에 따라서는 폭서와 홍수가 가뭄과 추위와 교대했다. 이러한 기후의 변화는 인류의 적응 과정을 지배한 가장 중요한 요소였다. 인류가 보인 독특한 적응적 변화의 하나는 피부의 대부분의 털이 퇴화한 것이다.

　기후의 극심한 변화는 인류의 이주 생활에 박차를 가했다. 바닷물이 눈과 얼음으로 쌓여감에 따라 해수면은 최하 100m까지 저하했다. 이에 따라 대륙 간과 대륙과 섬 사이에는 육교가 성립되어 많은 동물이 이주했고 수렵수(狩獵手)였던 인류는 그들 뒤를 따라 도처에 이주했다. 빙기에 아세아인(American Indian)이 베링(Bering) 육교를 통해 북아메리카로 이주한 것은 그 예 중 하나다. 활발한 이주에 따라 지구상의 도처를 인류가 점령하게 되었고, 인종적·문화적 교류가 활발해진 나머지 지역적으로 독립된 방향의 진화가 방지되었으며 인류 상호 간의, 인류와 다른 동물 간의 활발한 투쟁에 따라 부적자(不適者)의 도태를 통한 진화가 빠른 속도로 이루어졌다.

제12장

선조를 찾아 어디까지

메리 리키(Mary D. Leakey) 부인이 360만 년 된 응회암에 찍혀 있는 사람 발자국(당시에 살던)을 재고 있다.

최근 아프리카에서 이룩된 인류고생물학의 눈부신 진보는 지질학, 역사학, 인류학, 고고학 등 관련 분야의 세뇌를 재촉하고 있다. 현재를 포함하는 제4기를 '인류의 시대'라고 불러왔는데 이제 이 별명은 다만 어떤 의미로써만 타당하다. 어디까지를 인류로 보느냐에 따라 인류 기원의 시기가 달라지지만 만일 사람속(호모)을 인류라 한다면 그 기원은 제3기 후기에 있었다는 것이 명백해 졌다.

최근의 연구 결과, 제4기의 시작은 약 160만 년 전임이 알려졌다. 한편 직립원인의 현재까지 발견된 화석 가운데 가장 오래된 것의 연대도 160만 년이므로 직립원인(호모에렉투스)의 기원마저 제4기의 범위를 벗어나 제3기 말에 들어가게 되었다.

아직도 대다수의 서적에는 호모가 오스트랄로피테쿠스에서 기원하는 것으로 설명하고 있으나 이 또한 최근의 연구 결과와는 다르다. 오스트랄로피테쿠스에는 두 종류가 있는데 화석 기록상 이들은 호모와 공존했던 것이 동아프리카에서의 연구 결과 알려졌다. 오스트랄로피테쿠스의 두 종은 약 100만 년 전부터 그 화석 기록이 끊어지므로 최소한 60만 년간 직립원인과 공존했다.

직립원인의 선조로 주장되고 있는 호모 하빌리스는 1961년 탄자니아의 올두바이 협곡에 노출된 175만 년 전 지층에서 처음 발견되었다. 한동안 이것은 오스트랄로피테쿠스의 일종에 불과할 것이라는 회의론이 있었으나 1972년에는 호모 하빌리스의 완전에 가까운 두골이 200 내지 300만 년 된 지층에서 발견되어 이때 이미 이들이 오스트랄로피테쿠스와 공존하고 있었다는 주장이 유력해졌다.

 이보다 오래된 사람아과(호모와 오스트랄로피테쿠스를 합한 것)의 화석에 대해서도 그것이 호모냐, 오스트랄로피테쿠스냐에 관하여 아직 정설이 이루어지지 않은 상태다. 에티오피아에서 370만 년 된 화석을 발견한 조한슨은 그것을 오스트랄로피테쿠스의 신종으로 인정했으나 호모 하빌리스를 발견·설정한 리키 가(家)에서는 그것도 호모일 것이라고 생각했고 또한 매리 리키(루이스 리키의 아내이자 리차드 리키의 어머니)가 1940년 올두바이 협곡 남쪽 라에톨리의 360만 년 된 지층에서 발견한 화석도 호모라고 생각하고 있어 아직 의견의 일치가 되지 않았다.

 매리 리키는 과거 호모 하빌리스가 발견된 올두바이 협곡에서 멀지 않은 곳의 360만 년 된 응회암의 층면에서 현재의 사람의 것과 똑같은 발자국을 다수 발견하고 이것을 남긴 두 사람(두 개인)은 호모였을 것임에 틀림없다고 쓰고 있다. 이들이 호모의 신종일지 호모 하빌리스일지에 관해서는 언급이 없으나 아무리 찾아도 석기나 인공물의 흔적은 없다고 말하고 있어 호모의 신종일 가능성이 시사되고 있다고 보인다. 370만 년 전과 360만 년 전의 이들이 호모의 신종이냐, 오스트랄로피테쿠스의 신종(조한슨의 오스트랄로피테쿠스 아파렌시스)이냐는 문제는 영구히 해결되지 않을지 모른다. 만일 이때 이 두 계통의 생물이 서로 매우 공통되어 구분이 어렵다면 그보다 머지않은 과거에 이 두 계통의 공동 선조에서 갈라져 나온 것으로 보는 것이 손쉬운 해석이다. 리키 모자는 실제로 그렇게 생각하고 있었다.

여하튼 오스트랄로피테쿠스의 한 종류(A. 아프리카누스)에서 호모가 나왔다고 보던 과거의 주장이 성립되기에는 호모 하빌리스의 연대가 너무 앞서버린 것이다. 현재까지 발견된 가장 오래된 확실성 있는 인공물은 올두바이 협곡의 200만 년 전 지층에서 발견된 석조물로서 돌을 둥근 고리처럼 쌓아놓은 것이라고 한다. 이보다 젊은 지층 속에서 원시적인 석기가 나오지만 호모만 석기를 만들었는지, 오스트랄로피테쿠스도 석기를 만들었는지의 문제가 있다.

리키 가에서는 뇌 용량의 차이를 들어 도구를 만든 자는 호모 하빌리스라고 주장한다. 오스트랄로피테쿠스 아프리카누스의 뇌 용량은 450㏄임에 비하여 호모 하빌리스의 그것은 750㏄라고 하니 상당한 차이다. 그러나 그들도 오스트랄로피테쿠스가 도구를 사용했을 가능성은 인정하고 있다. 뼈나 돌을 손아귀에 쥐고 도구로 사용하는 것과 도구를 다듬어서 인공으로 만드는 것과는 다르다. 도구를 만든 솜씨 좋은 사람이라는 뜻으로 호모 하빌리스라고 명명했던 것이다. 그러면 하빌리스 이전의 호모가 있었다면 그도 도구를 만들었을 것인가? 아무리 찾아도 인공물은 나오지 않는다고 한다.

그러므로 현재로서는 호모, 즉 사람이 생겨나서도 한동안 도구를 만들 줄 모르고 지났을 것을 상상하게 한다.

그러면 호모만이 꼿꼿이 서서 걸었는가? 아니다. 오스트랄로피테쿠스도 서서 걸었다. 심지어 이 둘의 공동 선조인 라마피테쿠스도 구부정하고 엉거주춤하지만 서서 걸었다고 한다.

최근 에티오피아의 하다르 지방에서 발견된 '루시'라는 별명의 화석도 유명하다. 300만 년 된 지층에서 나온 이 화석은 보존이 잘 되어 있는 데도 불구하고 아직 호모냐, 오스트랄로피테쿠스냐 또는 라마피테쿠스냐가 결정되지 않은 상태다. 라마피테쿠스는 1,400만 년 전부터 화석으로 나타나며 그것도 사람과에 속하므로 사람의 기원이 이미 수백만 년 전에 있었다고 생각할 수도 있다. 그러나 사람속은 아마도 500만 년 전쯤에 라마피테쿠스에서 갈라져 나온 것으로 추정되고 있다.

제13장

한 지구과학자가 본 기술 문명의 방향

대도시의 스모그 현상.

문명의 과특수화

농부였던 나의 할아버지를 기억한다. 온종일 밭을 갈곤 하셨는데 밭을 갈다가 허리를 펴실 때는 잘 펴지지 않아 한참 동안 시간이 걸리던 것을 기억한다. 기술의 발전이 있고서야 인류가 그런 노예 살이에서 벗어날 수 있었으니 현대 기술 문명은 실로 인간 해방을 가져왔고, 앞으로도 많은 기술 발전이 있을 것이다.

화석을 통해 인류의 기원을 연구하는 이들은 인류와 그 전 단계의 영장류를 골격의 차이를 통해 알아내려고 하지만 그 차이가 너무 작고 애매하기 때문에 다른 한 가지 기준, 즉 물체(돌)에 인공을 가했던 흔적이 있느냐 아니냐를 중요시하고 있다. 솜씨를 부린 흔적이 화석과 함께 발견되면 그 화석은 인류로 분류된다. 이렇듯 기술은 인류의 기원과 함께 시작했고 물질을 다루는 솜씨야말로 인간의 본질과 관계가 깊다. 인류는 영원히 기술을 떠날 수 없을 것이다.

이러한 기술과 그 발전이 최근에 와서는 한편 무서운 것이 되어 버렸다. 환경의 오염과 파괴를 가져왔으며 이 때문에 '하나뿐인 지구'가 사람이 살기에 부적당한 곳이 되어가고 있다. 지하자원의 고갈이 눈앞에 보이게 되었으며 이 때문에 공업 발전의 억제가 불가피하게 되었다. 성서는 일찍이 바벨탑을 세워 하늘에 치솟게 되었을 때 자체 모순 때문에 그 발전이 중지되었음을 가르치는데, 현대 기술의 발전도 그런 것 같다.

현대 기술이 무서운 것이 된 더 큰 이유는 그 너무도 급속한 발전이 사람의 적응력의 한계를 벗어나가고 있다는 데 있다. 인류는 홍수처럼 밀어닥치는 기술의 범람을 감당할 수 없게 된 것이다.

현대인은 피곤하다. 그 원인은 직간접적으로 기술 발전과 관계가 있다. 문명을 등지는 사람들이 집단적으로 생겨나고 있고 자연으로 돌아가자는 소리가 날로 높아 간다. 기술은 인간 해방만 가져온 것이 아니라 인간성의 상실도 가져왔다. 기술이 은혜로운 존재인 줄만 알았더니 마침내 우리에게 큰 대가를 요구하고 있는 것이다. 헤밍웨이(Ernest Hemingway, 1899~1961)는 《노인과 바다》에서 마침내 기다리던 때가 와서 노인은 먼 바다에 나가 고래를 잡았으나 오는 동안에 상어 떼가 다 뜯어먹고 결국은 뼈만 안고 돌아오는 모습을 그렸는데 현대 기술이 가히 이 꼴이 되고 말았다.

생물계에는 과특수화(overspecialization) 현상이라는 것이 있는데 이는 어떤 생물 부류가 진화의 과정에서 점차 몸집이 커져가든지(예, 공룡), 뿔이 커져 가든지(예, 아일랜드 사슴), 이빨이 커져가는(예, sabertooth cat) 현상인데, 그러한 경향을 취하게 되는 동기는 그것이 다른 동물과의 경쟁과 방어에서 유리하기 때문이지만 마지막에는 그것이 불리하고 거추장스러운 장애가 되어 절멸에 이르고 만 것으로 생각된다. 과특수화 현상의 한 특징은 가속적 변화로서 걷잡을 수 없이 대형화로 치닫다가 마침내 그 현상을 일으킨 무리 전체가 멸망에 이른다. 돌이켜 보면 인류는 200만 년을 자연에 적응해 왔는데 엊그제부터는 기술 자체에 인류가 적응하지 않으면 안 될 신세가 되었다. 엊그제라고 말한 까닭은 200만 년에 비하면 현대 기술 시대의 길이는 실로 엊그제에 불과하기 때문이다. 현대에 와서 기술 발전의 속도는 200만 년을 면면히 흘러온 강물이 느닷없이 폭포가 되어 쏟아지는 그러한 가속도를 가지고 있다. 이러한 현대 기술 발전의 전체적 추세는 과특수화 현상과 흡사한 모습을 다분히 보이고 있다.

우상이 된 시녀

앨빈 토플러(Alvin Toffler)는 현재 고도 발달 사회가 겪고 있는 변화의 속도가 너무 크기 때문에 멀지 않은 장래에 있을 변화가 곧 충격이 라는 설과로 사람에게 경험된다고 하여 미래 충격(future shock)이라는 표현을 썼다.

기술 발달의 폭주가 '미래 충격'을 일으키는 까닭은 사람이 본질적으로 그러한 고속도 변화에 적응할 수 있는 존재가 아니기 때문이다. 200만 년 동안을 인류는 저속도 변화에 적응해 왔으며 그 결과 저속도적 소질은 사람의 유전자에 깊이 낙인되어 있는 듯이 보인다. 사람의 가장 사람다운 특징-생각, 반성, 신앙, 경건, 사랑, 동정, 겸허, 예술, 창조-이러한 고귀한 것들은 모두가 진화의 산물이며 저속도적인 것이다. 대기만성이라는 말과 같이 위대한 것의 특징은 졸자라는 것이다. 만일 사람이 고속도 변화에 적응하게 된다면 이와 같은 가장 인간다운 것을 상실하게 될 것이고 비인간화되고 말 것이다.

이제 기술의 질곡(桎梏)과 사슬로부터 인간이 해방되기를 꾀할 단계가 온 것이다. 기술은 사람을 위해 있는 사람의 시녀로서 출발했는데 이제는 어느 쪽이 시녀인지를 알 수 없게 되었다. 시녀에게 매혹당한 사람, 그리고 그에게 군림하는 시녀의 꼴이 된 것이다. 특히 오늘날 우리나라의 경우는 기술이 가히 우상이 되고 있지 않은가? 기술의 시녀에 반하고 중독된 사람들은 기술의 무궁한 발달과 그 결과 올 유토피아를 아직도 신봉하고 있다. 그들은 현대 기술이 보이는 지수적(指數的) 발달 속도의 곡선이 무한히 계속될 것을 믿고 있는 셈이다. 이러한 절대적 낙관론과는 반대로 극단의 비관론도 있다. 비관하는 사람들 가운데는 현대 문명의 급속한 몰락을 예언하는 이들이 있는데 이러한 견해는 심한 낙관론보다 그 역사가 길다.

낙관론자들 가운데는 공장을 돌려 돈을 버는 데 도취되어 앞을 내다보기를 싫어하는 측도 있고, 환경 파괴나 자원 고갈, 인간 황폐와 같은 모순 때문에 기술 발달이 도저히 지속될 수 없다는 명약관화(明若觀火)한 사실을 아직 못 보는 사람들도 있다.

필자는(비관보다는 낙관 쪽에 기우는 편이라 할 수 있는데) 사람은 과특수화 현상을 겪던 동물과는 달라 기술의 과특수화 현상을 조정할 능력을 발휘하고야 말 것이라는 생각을 가지고 있다.

옷을 사람에 맞게 맞출 것이 아니라 몸을 옷에 맞게 적응시킬 수 있다는 막연한 견해는 아직도 횡행하고 있다. 한때 공상과학소설의 저자는 두뇌의 과용에 적응하여 머리는 커지고 하체는 퇴화한 인류의 출현을 그렸고, 오늘날도 고도 기술 발달에 생물적으로 적응 변이된 초인의 출현이 요청됨을 논하는 이도 있으나 모두가 진화의 원리를 모르는 데 기인한다. 고생물학적 연구의 누적된 경험이 지시하는 대로는 인류는 더 이상 생물학적 진화를 겪을 여지가 없을 만큼 구조적으로 틀이 잡혀 있다. 즉 형태적 안정에 이른 것이다. 이 안정에서 벗어나는 어떠한 변이도 병신이라는 결과로 나타난다. 남은 유일한 길은 (사람을 기술에 적응시키는 것이 아니라) 기술을 사람에게 적응시키는 길이다.

사람이 기술의 주인이 되어야 함은 너무도 자명하다. 이는 새삼스러운 것이 아니라 본연으로 돌아가는 것이고 시녀 밑으로 들어갈 뻔했던 자가 주인의 위치로 되돌아가는 것일 뿐이다.

기술을 체계적으로 평사동세하되 국제 협력으로 할 때가 됐다. 왜냐하면 어떤 종류의 공업은 특히 많은 공해를 일으키는데 그 해독은 기류나 해류를 타고 전 지구적으로 나타나기 때문이다. 일본이 일으킨 해양 오염이 한국에 미치고, 미국이 일으킨 대기 오염이 기권(氣圈) 전체에 미치므로 기술과 공업의 선택적 억제를 위한 평가와 통제는 국제적으로 행해지지 않으면 안 될 터인데 그러한 상설 전문 기구가 곧 생겨나야 할 것이다.

고도 기술 사회

고도 기술 사회라는 말이 있다. 사람이 로켓을 타고 달에 가서 정보를 얻어오고 컴퓨터가 얼마나 중요한 구실을 하고 있는지를 볼 때 인류사는 이미 고도 기술 시대에 들어가 있음을 느낄 것이다. 고도 기술 사회는 바로 전자 기술로 특징지어지는 기술 전자(technetronic) 사회라는 견해도 있다. technetronic이라는 말의 저자뿐 아니라 미래를 다루는 여러 학자의 공통된 의견은 고도 기술 사회는 정보의 처리가 인간 활동과 기술 영역의 가장 중요한 부분을 차지한다는 것이다. 이러한 견해는 이미 견해가 아니라 현실이라 해도 과언이 아니다.

정보를 위한 기술이 중요성을 가지고 대두했다는 사실은 사람이 조직적 능력으로 기술을 선택하기 이전에 자연히 기술의 방향이 모색되어 나가는 모습을 보여준다. 역사에는 사람의 자유의사가 미치는 수가 많지만 한편 역사는 그 나름대로 나아가는 보조가 있어서 명령성이 그 속에 숨어 있는 것으로 보인다.

기술사의 명령성을 주장하는 사람들은 기술은 제 갈 길을 가고야 만다는 전제하에 인위적 선택 노력의 여지가 적다는 것을 강조한다. 그러나 인위적 선택 노력의 여지가 적건 크건 간에 사람이 숙명적으로 본래의 모습대로 남아 있을 것이 분명한 이상 사람에게 맞도록 적응해 가야 할 것은 너무도 당연하다.

어떤 기술이 바람직한 기술이고 어떤 기술은 그렇지 않은 것인가를 판단하려면 바람직한 기술이 어떠한 것이며 바람직하지 않은 것을 구분하는 기준이 무엇인지를 고찰하는 것이 중요하다고 여겨진다. 이 기준이란 기술을 사람에게 맞추어야 된다고 하는 대전제에서 출발하는 이상 사람의 본질 혹은 근본 모습이 바로 그 표준이 될 것은 자명하다.

사람이 사람 된다는 것은 사람의 특징 또는 타고난 가능성을 다 실현한다는 말과 같다. 정신이 특징이며 정신적 실현이 가장 특징적 가능성임은 주지하는 바와 같다. 인류가 타고난 가능성을 실현하는 데 도움이 되고 수단이 되는 한 선한 것일 터이요, 그렇지 못할 때는 악한 것으로 제거되어야 할 것이다. 삶의 의미가 있다는 말은 뚜렷한 목표가 있단 말과 같은데, 기술이란 목표로 가는 과정과 관련된(과정적인) 것이지 목적이 아님은 분명하다.

TV와 라디오의 발달로 사람들은 과한 교신(over-communication) 속에 빠져들게 되었다. 이것과 더불어 현대 문명은 사람들을 과도한 자극(over-stimulation) 아래 살게 한다. 사람 사이의 교통이 많아질수록 참다운 교통은 줄어들고 현대인은 고독해진다. 자극이 심하면 마침내 친절, 사려 깊음과 같은 마음의 기능은 정지하고 만다. 본래 창의와 영감은 사람과의 교통을 다소 멀리한 상태에서 얻어졌음을 생각하면 과도 교통은 해독이 됨을 알 수 있다. 전자 기술의 발달로 사회는 바야흐로 정보의 시대로 들어섰는데 이는 한편 다행인 일이지만 번잡스럽고 오염된 정보망에 휘감길 인류를 생각한다면 크게 주의를 요한다고 하지 않을 수 없다.

본래 문화는 유한귀족 계급을 중심으로 꽃피어 왔는데 옛날에는 소수의 귀족이 있었으나 오늘날은 인류가 거족적으로 옛날의 귀족이 누리던 바를 누리게 되었다. 예수는 부자가 천국에 들어가는 것이 약대가 바늘구멍으로 들어가는 것보다 어렵다고 했는데, 이는 현대에 살면서 천국을 누리기가 어렵다는 말도 된다. 어린이가 만일 천국을 묻는다면 아마도 '행복의 나라'라고 설명할 수가 있을 것 같은데, 현대 기술 문명은 모든 사람을 어느 정도는 마음의 부자로 만들었고 이 때문에 불행하다고 말할 수 있을 것이다.

근래에 와서 '생활의 활(quality of life)'을 많이 생각하게 되었는데 이는 소득(생산)과 봉사와 경험이란 3변수로서 표현된다는 주장이 있다. 그러나 삶의 질을 위한 참으로 중요하고 핵심적인 요소는 정신적인 것이라 여겨진다. 잘 산다는 것은 흔히 물질적 풍요를 의미하고 있으나 참으로 잘 사는 것은 그 이상의 것이다. 현대 기술 문명은 사람을 잘 살게 만들었으나 참으로 잘 살게 만드는 능력까지는 없다. 모든 이기(利器)가 그러하듯이 문명도 쓰는 사람의 태도에 따라 해독도 되고 이기도 된다. 삶의 질을 높여줄 수도 있고 내려줄 수도 있다.

현대에서 초현대로 넘어가려는 이즈음에 일어난 중요한 소리는 '다시 자연으로 돌아가자!'라는 부르짖음이다. 기술 문명은 공업을 통해 자연으로부터 사람을 멀어지게 만들었다. 과도한 인공화가 일어난 것이다. 인공도 넓은 의미의 자연이라고도 할 수 있으나 인류의 기원 이래 천천히 적응되어 온 비인공적 자연과는 다르다. 인류는 이러한 자연

속에서 마치 물고기가 물에 적응하듯이 엄밀히 적응되어 있어서 전원적 상태에서 멀어지면 마음에 병이 들기 쉽다.

선택의 기준

자연적인 생활이란 단순한 생활이며 진리를 추구하는 모든 사람의 조건이다. 이는 인류의 교사들 모두가 체험하여 추천해 오던 생활이며 정신적 건강을 유지키 위한 최선의 길이다. 아마도 현대 문명의 최대의 단점은 단순한 생활 영위를 방해하는 것이다.

현대 기술 문명을 사람에게 맞도록 적응 선택하려고 할 때 기준으로 삼을 것을 열거하면 다음과 같다.

1. 자연 보존의 요청에 일치하는가?
2. 자연 지향의 인간 소질에 어긋나지 않는가?
3. 단순한 생활 영위를 방해하지 않는가?
4. 마음의 가난과 참다운 행복을 지니기를 저해하지 않는가?
5. 과도 자극의 결과에 이르지 않을 것인가?
6. 과학 등 의미 추구의 제 활동을 지원하는가?
7. 일상생활의 복지와 편의를 가져올 것인가?
8. 종합컨대, 삶(가능성)의 실현에 이바지하는가?

어떤 종류의 공업과 기술도 이상과 같은 조건을 모두 만족시키는 것은 없는 것으로 보인다. 그것을 쓰는 사람의 융통성과 수용력에 따라 이(利)가 될 수도 있고 해가 될 수도 있음은 물론이나, 여러 가능성 가운데서 일단 선택의 과정을 거친 다음에 그 선택된 것을 사용하여 인류가 진정한 삶의 길을 누리기를 지향해야 될 것이다. 공업 기술의 차별적 장려를 위해서는 여러 가능한 공업 기술을 평가할 국제기구의 출현도 요청되고, 세계 시민의 자각과 여론의 압력도 요청된다. 이 자각, 곧 깨달음을 위하여 현대 문명이 있다고 보인다. 세계사가 겪는 모든 시행착오와 난관은 인류가 진리를 깨달아 가도록 이끌기 위해 있다고 본다면 이는 독단일 것인가.

기술사는 제가 나아가는 방향과 제 나름대로의 보조가 있어서 갈대로 갈 것이로되 마침내 희망적인 방향을 취할 것이라는 낙관적인 숙명론도 있을 수 있을 것이다. 하지만 어찌 사람의 관여와 참여가 없는 무기적인 기술사가 있을 수 있을 것인가? 필자는 대단히 강한 편견을 하나 가지고 있다. 인류가 위험으로부터 자기를 구출할 능력을 발휘하고야 말 것이라는 생각이 그것이다. 이것이 실현되어야 인류가 영광스러운 미래를 가지게 될 것이다.

지금까지는 세계의 미래를 세계 시민의 입장에서 다루었으나 우리나라의 입장은 다소 독특한 점이 있다. 세계는 고도 기술 시대에 들어갔으나 지구상에는 전 고도 기술 시대적 사회가 허다하게 잔존하는 줄을 우리는 잘 알고 있다.

첨단을 걷는 고도 기술 사회의 양식은 '성장을 중지시켜라', '자연(환경과 자연)을 보존하라', '다시금 자연으로 돌아가자', '인간성의 상실을 막자'라고 부르짖고 있다. 그러나 이와는 대조적으로 우리나라는 다소 환경을 오염시키더라도 성장을 촉진시키지 않을 수 없는 입장에 있다. 자원은 있는 대로 어서 개발을 서두르고 있다. 우리의 이런 사정은 마치 세계의 강물 속의 작은 역류와 같다.

실로 우리는 서방 문화에서 오래 두고 배울 것이 많이 남아있으며 기술 문명의 혜택을 더욱 입고서야 겨우 생활의 윤택을 기할 수 있으며, 과학과 기술을 더 많이 배우고 익혀야만 올바로 생각하는 법을 알게 될 여지가 많다.

그러나 우리는 자아를 발견해 가는 창의적인 입장에서 과학 기술을 받아들여야지 모방 문화가 되어서는 안 될 것임은 너무도 명백하다. 처음은 모방으로부터 출발할 것이다. 그러나 우리의 미래가 영광스럽고 떳떳한 것이 되게 하려면 우리 속에 내재한 것과 외래 문화 사이에서 창조적 반응이 일어나도록 하지 않으면 안 될 것이다.

우리가 어떻게 저 고속 가속화해 가는 발달의 급커브를 따를 수 있을 것인가? 결국 따를 수 없을지도 모른다. 고도 기술 사회에서는 외적 삶의 질은 높아지면서도 내적 삶의 질은 떨어지는 현실을 생각한다면 저 곡선을 따르는 것이 바람직할 것이 별로 없다. 세계가 기술을 인류의 몸에 맞게 맞추어야 할 것과 마찬가지로 한국도 몸에 맞게 기술과 공업을 선택해야 할 것이다.

영원한 자원

의미 추구와 궁극적 관심사의 추구에 인생의 궁극적 가치가 있다면 우리가 기술에 뒤떨어졌다고 해서 사람이 뒤떨어졌다고 볼 수 없음은 물론이요, 기술면에서 뒤떨어진 것이 창조적 발판이 될 큰 가능성이 있다. 참 '삶의 질'은 마음에 달렸다. 참으로 의미 있고 가치 있는 일은 지능만으로 하는 것이 아니라 심정으로, 온 마음으로 하는 것이다. 우리에게는 고쳐야 할 점도 많고 선진국에게 배워야 할 것도 많은 것이 사실이다. 그러나 그 어떤 활동에도 대전제가 되어야 할 것은 우리의 영원한 자원인 마음씨를 잃지 않아야 한다는 것이다. 그러므로 우리는 급급하여 잘 살기만을 바랄 것이 아니라 우러러 참으로 잘 살기를 위해 힘쓰고 애써야 할 것이다. 우리는 언젠가는 잘 살게 된다. 그러나 참으로 잘 살게 될지, 지금보다도 내용으로는 못 살게 될지의 선택은 우리 모두의 결단과 노력과 시력(vision)에 달려 있다.

제14장

대구에서 강릉까지

-지각변동의 자취-

강원도 삼척 탄전 고한리 부근의 중기 페름기 노목 잎사귀(Annularia).

말하는 돌

오늘날 대구나 그 부근의 길가에 굴러다니는 자갈을 사람들은 다만 '발끝에 차이는 것들'로만 알기 쉽다. 그러나 돌의 말을 들을 줄 아는 사람에게 돌은 똘똘 뭉친 녹음테이프와도 같다.

이 굴러다니는 '고체의 소리'는 그것들이 떨어져 나온 지층이 어떻게 땅속 깊은 데로부터 이글이글 끓는 채 터져 올라와 어떻게 1억 년 전의 공기를 마시고 굳어졌으며, 어떻게 다시 땅속에 묻혀 거기서 잠잠히 1억 년을 잠들었다가 시간의 부드러운 손길이 그 무덤의 뚜껑을 열고 현재라는 지질시대의 훈훈한 공기를 다시 쏘이게 해줬는지, 또 그들이 생겨날 때 지표를 어슬렁어슬렁 거닐던 거대한 파충류와는 엉뚱하게도 다른 땅의 새로운 주인인 사람들을 어떻게 만나게 되었는지를 들려준다.

대구의 땅 위에 굴러다니는 사살은 내개가 화산암이며, 그 대부분은 앞산과 그 부근의 산들에서 왔다. 주말에 수성못에 산책을 가는 사람들은 시내버스 종점에 내려 일단 그 부근의 하상에 발을 옮겨 대구 시가지 쪽으로 여행 중인 자갈들의 행진을 구경하는 것은 어떨까?

이 돌들은 거의 모두가 화산각력암, 용암, 그리고 응회암이다. 이 돌들의 모체인 앞산과 그 부근의 산들은 이미 싸늘하게 식어 굳은 지 오래지만 1억 년 전에는 이글이글 타오르던 화구 무리에서 끓어올라 사방으로 퍼져 흘렀거나 폭발하여 공중으로 터져 올랐던 불덩이들이 쌓이고 쌓여 된 땅이다. 이렇게 생긴 땅덩이가 억 년의 세월을 지나는 동안 시간의 톱날에 쓸리고 쓸려 자갈로 모래로 산산조각이 난 채 오늘날 냇바닥에 굴러다니고 있는 것이다. 앞산 부근의 어떤 부분의 화산각력암들은 그 각력들의 직경이 10㎝ 이상 20㎝에 이르는 것이 있다. 이만큼 굵은 화산각력들은 화산활동과 관련된 가스의 폭발력이 땅속에서 화구 밖으로 아무리 힘차게 팔매질한다 하더라도 화구 부근에 떨어질 것이므로 이러한 화산각력층은 그것이 산출되는 부근에 화구가 있었음을 암시한다.

앞산 부근에 화구가 있었을 때 대구 시가지 부근이 불바다였으리라는 것은 쉽게 짐작할 수 있을 것이다. 현 대구의 위치에 쌓이고 쌓인 화산분출물들은 수천만 년을 지나 오늘에 이르는 동안 다 침식·제거되어 버리고 그 화산암들이 쌓인 토대였던 퇴적암층만이 노출되어 있다. 달성광산 부근에서부터 해창면 일대에는 화강암이라는 심성암이 이 화산암층을 꿰뚫고 있는데 화강암은 지표 아래 수 ㎞ 이하의 깊은 곳에서 굳어진 것이다. 현재 화강암은 이 일대의 지표에 상당히 널리 노출되어 있으므로 적어도 수 ㎞ 두께의 땅껍질이 현재에 이르기까지 깎여 나갔음을 알 수 있다. 자연의 이러한 청소 작업 덕분에 대구시 한복판을 덮었을 화산암층은 말끔히 사라지고 없다.

이 도시에서 자라 지질을 오래 공부해온 필자도 근래에 와서야 이러한 금석지감을 실감했다. 지식은 여러 해를 두고 쌓았지만 실감은 다소 갑작스럽게 온다. 실감이란 무슨 해방이나 자유와도 같은 것, 이는 사람을 날 듯이 만드는 것이다. '여실히' 보는 자, 그에게는 그러한 자유가 있다. 이는 일종의 생각하는 자유다. 이는 마치 천천히 밀려왔다가 쏜살같이 스며드는 희열과도 같이 산 사람에게 산 보람을, 배우는 이에게 배움의 보람을 느끼게 한다.

지각변동의 고적

사람들은 지각변동의 고적 위에서 기거하고 있다. 고고학자가 사전사학도(史前史學徒)라고 하면 지질학자는 사전사전사학도(史前史前史學徒)이다. 실로 지질학도에서는 지표와 지표 아래 있는 어느 부분도 고적 아닌 것이 없다. 이 '고고적'들의 기록을 지형도 위에 하나하나 기입해 가면 지질도가 되고 지질도는 그것을 보는 눈을 가진 사람에게 그 지역의 역사를 일러준다.

동아시아의 지질을 돌이켜 보면 백악기 후기에 화산활동의 한 중심 무대는 영남지방에 있었다. 그보다 수천만 년 후인 신제3기에 화산활동의 주 무대는 옛 무대의 변두리로 물러가 백두산, 울릉도, 한라산을 연결하는 한반도의 언저리에 있었다. 우리가 현재라고 부르는 지질시대의 시점에는 화산활동이 더 밖으로 물러나가 다만 일본 열도에서만 기세를 올리고 있다. 이렇듯 화산활동은 시대의 경과에 따라 태평양 쪽으로 파급해 나가고 있다.

이러한 역사적 과정으로 오늘날 한국인은 가장 안전한 지반 위에서

생을 영위하고 있다. 로마인들은 대지의 견고 불변함에 강한 인상을 받은 나머지 '굳건한 땅(Terra firma)'이라는 표현을 남겼다. 그러나 그들이 살던 땅은 한국 땅보다는 훨씬 굳건하지 못했다. 그들이 나폴리 부근의 해안에 세운 세라피스(Serapis) 신전의 대리석 기둥은 그 후 6m나 물속에 잠겼다가 현재는 다시 물 위에 올라와 물속에 잠겼을 때 조개가 기둥에 뚫어 놓은 구멍들을 사람들은 관찰할 수 있다. 이 육지의 자맥질(잠수)은 다만 역사시대 중에 일어난 비근한 예에 불과하다.

한반도야말로 로마의 땅 이상으로 굳건한 땅이다. 활동하는 단층에 의해 철로가 무너지거나 굽어버린 일이 없고, 지진으로 건물이 쓰러지거나 흐르는 용암에 마을이 뒤덮이는 일은 극히 드물다.

지금은 이토록 굳건한 한반도도 그 지각의 옷을 지질학이라는 투시술로 한 겹 한 겹 벗겨 가면 엄청난 지각변동과 수륙분포의 변천을 겪어 왔음을 보게 된다.

한국 땅이 지질시대에 심한 지각변동을 겪은 땅이라는 것은 한국이 무연탄 산출국이라는 사실만 가지고도 곧 알 수 있다. 휘발분을 많이 함유한 유연탄으로 남았을 수도 있었을 페름기의 석탄은 심한 압력을 받아 구겨지고 일그러지고 부대끼고 짜여져 가루가 되다 못해 다시 엉키는 동안 휘발분은 다 소산되고 식물질의 찌꺼기인 탄소가 농집되어 무연탄이 된 것이다. 이 무연탄을 끼고 있는 평안속(平安束)은 그 이름의 자의와는 전혀 반대로 고생의 자취가 역력히 나타난 주름 잡힌 노인의 얼굴처럼 심히 습곡되어 있다. 누구나 강원도의 산골에 가서 하천의 날카로운 칼날이 긴 시간의 힘을 빌려 파놓은 골짜기에 생긴 절벽을 보면 지각이란 건조물의 유선미 풍부한 건축 양식을 엿볼 수 있을 것이다.

햇빛의 통조림

생성 과정을 문제 삼는 지질학에서는 석탄도 영락없는 일종의 암석이다. 다만 이것은 식물질에서 유래한 암석이라는 차이점이 있을 뿐이다. 강원도 일대의 탄전은 지금으로부터 2억 수천만 년 전의 페름기에는 준평원에 가까운 아주 저평한 연안 평야였다. 이 평야에는 수많은 대소의 늪(소택지)이 있었고 크고 육중한 나무들이 번성하는 울창한 숲이 형성되어 있었다. 육지에 한껏 침범했던 바다가 육지에서 천천히 물러섬에 따라 이 연안 평야 위의 늪은 차츰 바다 쪽으로 이동했고 이 늪의 산물인 식물질은 제자리에서 묻히거나 혹은 해체된 채 떠내려가 퇴적물로 매적되어 석탄층이 된 것이다. 그래서 오늘날 우리가 쓰는 연탄은 그 모양도 흡사 통조림 같지만 실상 재미있는 하나의 통조림이다. 이 '태양 에너지의 통조림'은 모든 주부가 그 따는 법을 잘 알고 있다. 페름기의 하늘에 있던 찬란한 태양의 웃음을 오늘날 우리는 난롯가에서 쬐일 수 있다. 석탄을 햇빛의 통조림이라 할 수 있다면 모든 돌이 또한 일종의 통조림이다. 죽은 듯이 굴러다니는 돌, 싸늘한 화석, 아무 의미 없는 것처럼 서 있는 암석의 노두(露頭), 어느 하나도 무궁한 역사를 가지지 않은 것이 없고 엄청난 역사의 산물이 아닌 것이 없다. 다시 말하면 돌은 지질학적 의미의 역사성을 가지는 것이다. 그 역사는 한량없이 긴 시간을 매질로 하고 있으므로 돌의 가장 큰 특징은 시간이고, 돌이 표상하는 바 가장 중요한 요소는 시간이다. 그러므로 암석은 시간의 통조림이라고 할 수 있다. 이 통조림은 그 맺히고 닫힌 데를 딸 수 있는 솜씨를 가진 사람에게는 마치 거미가 그 몸에서 무한히 긴 실을 뽑아 놓듯이 한량없이 긴 시간의 실을 뽑아 놓는다.

현재는 과거의 열쇠

마치 물리학의 한 분야가 시간이란 제4차원의 축을 고려에 넣지 않고서는 어떤 한 세계를 이해하지 못하는 것처럼 지질학에서도 시간이라는 요소를 빼놓고서는 지질학적 과정과 현상을 이해할 수 없다. 시간이라는 요소는 시험관에 넣거나 기계에 걸 수 없으므로 지질학적 연구대상 가운데는 실험실에서 재현할 수 없는 것이 대부분이다. 이 때문에 지질학도는 먼저 현재 지구상에서 진행되고 있는 현상과 과정에 관한 지식과 경험을 가지고 그것을 과거에 적용해 과거 지질시대의 일을 해석하게 된다. 그래서 지질학의 가장 중요한 원리는 '현재는 과거의 열쇠다'라는 표어 속에 잘 나타나 있다. 온고지신(溫故知新)이 아니라 온신지고(溫新知故)다. 그러므로 지질학도에게 요청되는 제3의 소질은 풍부하고도 건전한 상상력이다. 또한 거꾸로 지질학적 훈련은 매우 효과적으로 사람의 상상력을 풍부하게 해준다.

암석과의 대화

 필자는 오래전 강릉탄전의 개발을 위한 주무기술자로서 강릉 부근의 탄전 일대 지질 조사를 몇 해에 걸쳐 한 적이 있다. 필자의 임무는 단적으로 말하면 그 지대의 땅 밑에 있는 탄층의 행방을 모조리 알아내는 탐정의 구실이었다. 그런데 이 탄층은 심한 습곡작용을 받은 지층 속에 끼어 있었기 때문에 그들의 숨바꼭질은 이만저만이 아니었다. 만일 이 탄전을 끼고 있는 퇴적암과의 대화가 주는 위안이 없었다면 필자는 그 개발 임무를 제대로 끈기 있게 수행하지 못했을 것이다. 사람들은 저 젊은이가 어째서 저토록 충실히 아침저녁으로 돌을 들여다보면서 험한 산모퉁이를 외롭게 돌아다닐 수 있었는지 알지 못했을 것이다. 그러나 실상 필자는 지구와 대담을 하고 있었고 그 은밀한 대화는 필자와 지구 사이에 오고 가는 속삭임 같았다.
 조사가 해를 거듭하고 많은 증거가 수집되어감에 따라 필자의 머릿속에는 웅대한 그림이 떠올랐다. 그것은 현재 강릉탄전을 이루고 있는 페름기층의 기원물질은 현재의 동해 쪽에 있던 당시의 육지에서 하류에 의하여 서쪽으로 운반되어 서쪽에 있던 바다로 가던 도중 강릉탄전이 있는 위치에서 퇴적되었다는 것이다.

　다시 말하면 오늘날 동해안 일대는 서고동저의 지형을 이루고 있지만 당시(2억 수천만 년 전)에는 동고서저의 지형을 이루었고 오늘의 동해는 그때는 육지였고 오늘의 태백산맥은 당시에는 그 육지의 연안 평야였다는 것이다.

　이러한 고지리적 상황은 처음 듣는 사람에게는 매우 기이하게 들릴지 모른다. 그러나 지질시대에 수륙분포는 항상 변천했고 육지는 끊임없이 바닷속에 잠겼다간 다시 솟아오르고 솟아올랐다간 다시 잠기는 운동을 해 왔다. 벽해(碧海)가 상전(桑田)되고 상전이 벽해된다는 옛말은 한갓 낭만적이고 과장된 표현이 아니라 지질학적으로는 엄연한 현실이다. 실상 뽕밭이 푸른 바다가 되는 정도가 아니라 육지치고 한동안 바다 아니던 곳이 드물고 바다치고 한동안 육지 아니던 곳도 드물다. 오늘날 우리나라에 시멘트공장이 있는 곳은 고생대의 초기(5억 년 전)에는 모두 해저였다. 시멘트의 원료인 석회암은 해성층이므로 이 암층이 분포하는 문경지방에서 강원도에 이르기까지 그 퇴적기간 중 바다가 그 위를 덮었다는 것이 자명하다.

　현대에 와서 누가 칼에 의지하는 자를 영웅이라고 하는가? 망망한 대해에서 태고의 육지를 보고 험준한 산기슭 아래 출렁이는 태고의 바다를 발견하는 일, 이것은 지질학이 주는 위안이기도 하다.

제15장

지각발달사관의 변천

-해저 확장과 판구조론-

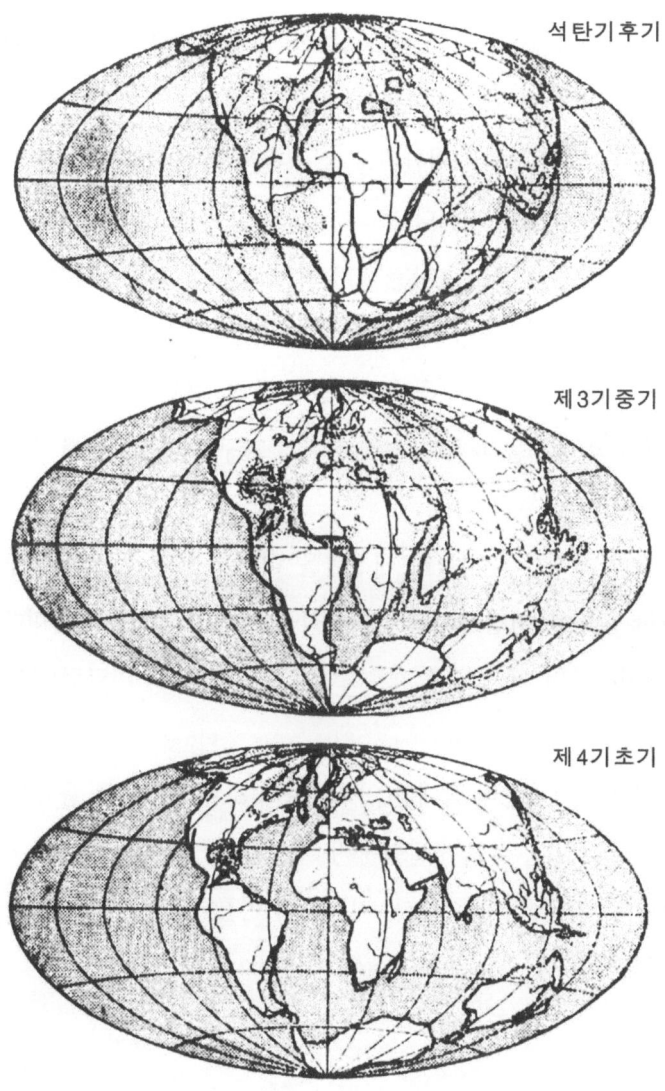

베게너에 의한 대륙 이동. 이 그림은 현재의 지식으로 봐도 대체로 타당하다.

지각의 진화가 실로 엄청난 내용을 가졌다는 것은 이미 잘 알려져 왔지만 그 역사 발전의 원동력과 원리가 무엇인지에 관한 해답은 근래에 얻었다. 해저 확장과 판구조론이라는 두 마디로 요약되는 일련의 설명을 가지고 대륙 이동, 지각변동, 화성활동 등 수많은 현상을 한꺼번에 해석할 수 있게 된 것이다.

해저 확장설이 공표된 지는 얼마 되지 않지만, 해저 시추와 해저 암석의 지자기학적 연구 등 다방면의 실증적 뒷받침을 얻어, 학설이 아니라 증명된 사실이라 해도 과언이 아닌 단계에 이르렀다. 여기에서는 어려운 전문적 상세를 피하여 해저 확장과 판구조론의 요지를 소개하기로 한다.

지질학 서적들은 서둘러 개정판을 내면서 해저 확장과 판구조론에 관한 설명을 편입시키고 있다. 최근 미국의 지학교사협회에서는 유치원에서부터 이 설명을 가르쳐야 된다는 결론에 이르렀다고 보도되었다.

지질학도들 가운데 막대한 인구가 판구조론의 원리를 응용한 연구에 참여하고 있다. 실로 지질학에 새로운 활력이 불어넣어졌다. 지질학에 혁명이 일어났다고들 한다. 지질학의 이름마저 지구학(geonomy)으로 바꿀 단계가 왔다는 주장이 유력해졌다.

맨틀대류, 해저 확장 및 판구조론

1930년대에 이르자 지식의 진보는 맨틀(지각과 지구핵 사이의 외투권)이 서서히 대류를 일으킨다는 가설이 필요해졌다. 창안자의 한 사람이자 가장 유력한 주창자인 영국의 아더 홈즈(Arthur Holmes)는 지구 내에 큰 대류 단위가 여러 개 있어서 두 대류가 맞부딪치는 곳에서는 막대한 압력이 작용하여 조산운동이 일어나고, 두 대류가 맞솟구쳐 서로 분리되는 곳에서는 막대한 장력이 일어나 열곡이 생겨난다고 설명했다. 맨틀에 대류가 있다고 가정하면 그 위에 얹혀 있는 암권이 대류를 타고 이동하게 되리라는 생각은 저절로 나오기 마련이나, 해저지질이 상당히 밝혀진 1960년대에 와서야 독립된 학설로 등장할 수 있었다.

대륙 이동의 기작들을 보다 많은 증거, 보다 그럴듯한 이론을 동원하여 종합적으로 설명한 이른바 해저 확장설(sea floor spreading)은 1960년대 초에 헤스(H. H. Hess)와 디츠(R. S. Dietz)에 의해 독립적으로 제창되었다.

지질학에 신천지를 도입했다고 일컫는 해저 확장설의 기초에는 맨틀대류설 이외에 1950년대에 들어서서 급증한 대양저에 관한 새로운 지식이 있다. 가장 주목할 만한 것은 지구의 최대 산맥인 중앙해령의 존재와 그 지질에 관한 정보였다.

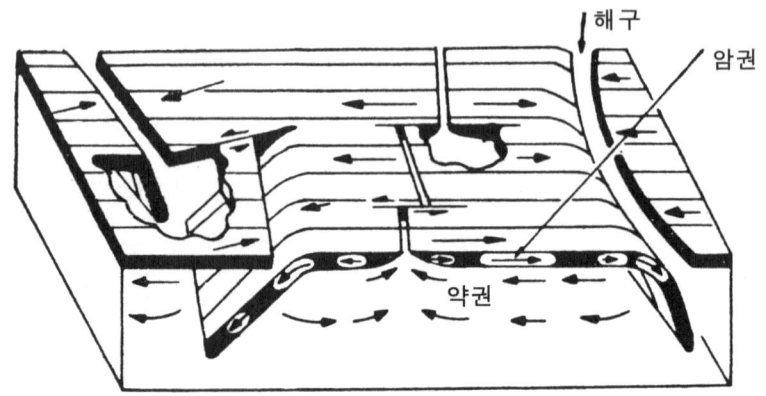

그림 15-1 | 해저 확장과 판구조의 입체도. 암권의 화살표는 암권의 운동 방향을, 약권의 화살표는 약권물질의 대류 방향을 표시함. 약권의 대류가 마주쳐 솟구치는 곳에 해령이 생겨난다. 해령에서 해양지각이 생겨나며 해양지각을 실은 암권들은 대륙 쪽으로 운동해 가다가 대륙암권 밑으로 기어든다. 기어드는 곳(섭닥션대)의 해저에는 해수가 생겨난다. 해령에서 지각이 생겨나는 만큼씩 섭닥션대에서는 소실된다. 섭닥션대 위 대륙 연변부에는 대규모 조산운동이 일어나며 화성암이 생겨난다.

해저 확장설(혹은 해저퍼짐설)을 가장 먼저 발표한 사람은 헤스 교수(미국 프린스턴대학교)인데 그는 1960년 자기 논문 「해양저의 역사」의 예쇄(豫刷)를 동료들에게 배포하면서 자기의 견해는 "완전히 실증되기에는 요원한 것으로 과학 논문이라기보다는 지구시(地球詩)라고 보아주기 바란다"라고 했다고 한다. 그의 설명을 요약하면 중앙해령은 대류하는 맨틀물질이 지표에 나타나는 출구로서 여기서 새로운 해저지각이 생겨나 해저 양쪽으로 퍼져 가다가 해수에 이르면 다시 맨틀 속으로 빠져들어

간다는 것이었다. 하나의 거대한 자연의 순환이다. 그에 의하면 해저는 영원한 것이 아니라 갱신된다고 한다.

　벨트콘베이어 구실을 하는 맨틀대류의 속도는 여러 가지 근거를 가지고 계산하면 연간 수 ㎝로 추정되며 중앙해령에 솟아오른 새 해저가 대양을 횡단하여 해구에 다시 빠져들어 가기까지에는 약 2억 년밖에 걸리지 않으나, 이와는 대조적으로 대륙은 일단 생긴 후로는 빠져들어가는 곳이 없이 영구히 솟아 있기 마련이라고 한다. 이러한 설명은 대양저에서 쥐라기 이전의 퇴적물과 암석이 발견되지 않고 또한 해저의 퇴적물의 두께가 수십억 년간 계속 퇴적되었다고 보기에는 너무나 엷다는 당시의 수수께끼에 대한 해답을 줬다.

　디츠의 해저 확장설은 헤스의 설과 기본적인 그림은 같으나 다음과 같은 장점을 가지고 있다. 즉 이동하는 부분은 지각이 아니라 암권이라는 생각이 그것이다.

　지구 내부에는 지진파 전달에 이상을 일으키는 두 개의 큰 불연속면이 있는데 하나는 지구핵과 맨틀 사이에, 다른 하나는 맨틀과 지각 사이에 있는 이른바 모호로비치치 불연속면(Mohorovičić discontinuity)이다.

　대륙에서는 지각의 두께는 약 50㎞, 대양에서는 약 3㎞에 불과하다. 암권의 하면은 지각의 그것보다 훨씬 깊어서 지표 아래 약 70㎞ 내지 100㎞에 있다. 암권 밑에는 지진파 전달 속도가 느린, 이른바 저속도층이 있어 이것이 '약권'(지표 아래 100㎞ 내지 150㎞)에 해당한다. 약권은 비교적 무르기(점성) 때문에 그 위에서 암권은 어느 정도 자유롭게 움직일 수 있다는 생각을 디츠는 가졌다.

그 뒤에 생겨난 판구조론에 의하면 지구를 둘러싸고 있는 암권은 여러 개의 지판(plate)으로 갈라져 서로 이동 또는 충돌을 한다는 것이다. 고생대 후기에는 한 개의 대륙, 한 개의 대양에서 출발했다는 것과 중생대와 신생대를 통한 지판 운동의 역사가 밝혀져 가고 있으며 이러한 지판 상호의 운동 원리를 한마디로 새로운 판구조론(new global tectonics)이라고 일컫는다. 고생대 이전에도 지판 운동과 따라서 대륙이동이 있었으나 오래된 것일수록 해석이 어렵다.

지진, 화산 및 조산 운동

지진학이 발달한 이래의 모든 기록을 종합한 결과 진앙의 분포는 각 대륙의 태평양 쪽 변두리, 지중해 일대, 그리고 여러 대양의 중앙해령에 집중된다는 사실이 드러났다. 지진대와 화산대의 분포가 대체로 일치한다는 사실은 일찍부터 주목되었으며, 화산과 지진이 암권에 생긴 금(열원)을 따라서 일어난다는 설명에는 아무도 이의가 없다.

대서양 중앙해령은 지구상 최대의 산맥이며 현무암으로 이루어진 화산산맥이다. 이 산맥의 한복판을 따라 이른바 열곡이 있으며 현재도 곳곳에서 용암이 분출되고 있다. 열곡은 용암이 솟는 열극 끝에 불과하며, 이를 따라 일어나는 지진은 모두가 (진원의 깊이가 65km보다 얕은) 천발지진이다. 환태평양지대는 천발지진과 중발지진뿐 아니라 심발지진(지하 300km 내지 700km)이 일어나는 곳으로 특기할 만하다. 한반도와 일본 일대의 단면도에 진원의 분포를 기입하면 이 지역에 지진을 일으키는 단열면 혹은 단층의 한 끝은 한반도 아래에서 사라지는 것을 알 수 있다. 이러한 단열면의 존재는 주로 진원의 분포를 통해 알 수 있는데 진원의 분포를 가지고 대륙 쪽으로 경사하는 단열면을 처음으로 생각해 낸 베니오프(Hugo Benioff)의 이름을 따서 이를 베니오프대(帶)라고 부른다. 지각발달사에 관한 최근의 위대한 공헌은 중앙해령과 베니오프대의 의의를 파고든 데서 출발했다.

화성활동은 녹은 암석을 맨틀 상부로부터 지각으로 또는 지각 하부로부터 상부로 운반한다. 지표에까지 터져 나오는 경우에는 이를 화산활동이라 일컫는다. 화산활동이 열극을 통해 일어날 때는 이를 열극 분출이라 하며 분출된 화산암의 양은 막대하다.

우리는 지표 면적의 약 70%나 되는 대양 지각의 거의 전부가 중앙해령의 열곡을 따라 현무암으로 이루어져 있음을 알게 되었다. 중앙해령은 지각에 장력이 작용하는 곳이고 높은 열류량을 보이는 곳임이 알려졌다. 이로 미루어 맨틀대류가 치솟는 정수리에 해당하는 부분에서 현무암이 솟아오르는 것으로 해석하고 있다. 대양 지각은 중앙해령에서 생겨나 양쪽으로 퍼져나가다가 마침내 해구 속으로 빠져들어 가는데, 해구 가까이에 도달한 해저치고 쥐라기 이전에 생겨난 것은 발견되지 않는 것을 보아 해저의 나이는 2억 년을 일생으로 끝나면서 동시에 중앙해령에서는 자꾸만 갱신된다는 것을 알 수 있다.

　탄성파(彈性波)가 전달되는 모양을 보아 알 수 있는 바와 같이 지각과 맨틀은 전체로 보아 하나의 강체(剛體)인데 어째서 국부적으로 용융되어 마그마(magma)가 생겨나는가? 맨틀의 열대류가 치솟는 부분은 마그마가 생겨나기 알맞은 곳이다. 심부의 물질이 상승하면 압력의 해소가 따르게 되어 마주 상승하는 두 대류가 서로 이산하는 정부는 더욱 압력의 해소가 따르기 마련이어서 마그마가 계속 생겨난다. 그 밖에 여러 가지 원인으로 대규모적인 압력 해소가 일어나면 맨틀 상부에서나 지각 내에서나 마그마가 생겨난다.

　지구상에는 여섯 가지 대규모적인 선상 구조가 있다. 중앙해령(oceanic ridge), 열곡(rift valley), 대륙사면(continental slope), 해구(oceanic trench), 도호(island arc) 및 습곡대(fold belt)가 그것이다. 판구조론은 이 모든 양상이 지판 상호 간의 변위에 기인한다고 설명하고 있다. 도호, 습곡대 및 해구는 지판이 서로 마주치는 곳에서 생긴다. 반면 중앙해령과 열곡, 그리고 중생대 또는 그 이후에 생긴 젊은 대양(대서양, 인도양, 북극해 등) 주변의 대륙사면은 지판이 서로 떨어지는 곳에서 생겨났다. 즉 이들은 장력에 따른 현상이다. 그러면 태평양 주변의 대륙사면은 어떠한가? 지금은 대체로 장력이 아니라 압력이 작용하는 지대다. 그러나 아마도 선캄브리아 영대의 어느 때 생긴 열극으로부터 태평양이 출발했다면 태평양의 대륙사면도 본래는 장력에 따른 현상이라 할 수 있다.

　맨틀대류 위에 올라타고 이동하는 지판을 가정하면 습곡산맥을 형성시킨 횡압력은 지판의 충돌 때문에 생긴다는 설명이 나온다. 현재 높이 솟은 습곡산맥의 대다수는 대양 지각과 부딪히는 과정에 있는 대륙지판 주변부에 자리 잡고 있다.

  조산대는 안데스산맥이나 호상열도와 같이 암권의 소모가 일어나는 곳이거나 히말라야의 경우와 같이 두 대륙지판이 충돌하는 곳에 이루어진다.

제16장

한반도의 기원과 동해의 형성

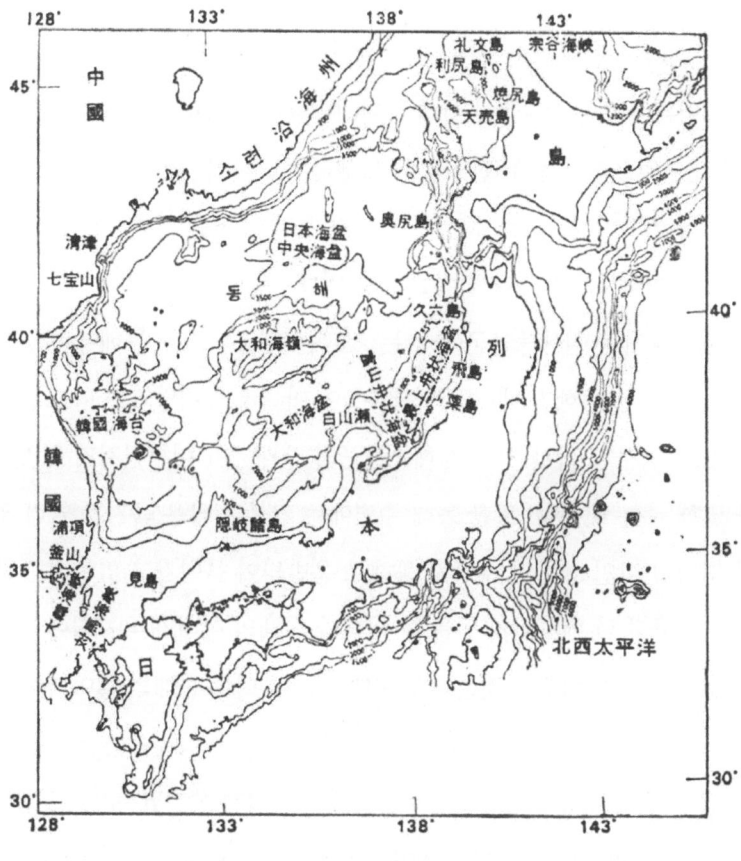

동해 해저지형도

동해의 수수께끼

동해는 여러모로 이상한 바다인데, 먼저 심해라는 점이 큰 특징이다. 동해의 중앙해분(中央海盆)에는 대양의 바닥을 이루고 있는 것과 유사한 이른바 현무암질층이 깔려 있다. 이 때문에 동해는 본래 태평양의 일부분이었으리라는 추측마저 하게 했다. 그렇다는 것은 동해의 역사가 태평양과 마찬가지로 중생대 초까지 올라갈 것을 의미하는데, 실인즉 동해의 역사가 그보다 훨씬 짧음을 말해 주는 자료가 있다.

태평양에는 심해동물군이 있는 것과는 대조적으로 동해에는 그것이 없다. 이는 동해가 태평양의 잔류물이 아니라 태평양과는 따로 생겨났고 그 역사가 짧아 아직 심해동물군의 생태계가 이루어지지 않았음을 말해 주는 것이다. 또한 동해 주변에는 기복이 많은 육지가 둘러 있어 거기서 깎인 물질이 부단히 동해로 운반되어 들어가고 있는데도 불구하고 아직 덜 메꾸어져 있을 뿐 아니라 심해의 상태가 유지되어 있음을 보면 동해가 형성된 것은 지질시대로 보아 아주 근래의 일이거나 아직도 침강지일 수 있다는 생각을 갖게 한다.

그러면 동해 중앙해분의 현무암질층은 어떻게 생겨났는가? 그 설명은 하나의 대양이 그 복판(중앙해령)에서 현무암질 물질의 반복되는 분출과 관입으로 새로이 생겨나듯이, 동해도 소규모이기는 하나 지질시대의 어느 근래에 벌어진(확장) 역사가 있었으리라는 것이다.

다른 한 가지 설명은 동해 자리가 본래는 오랫동안 융기해 온 육지였고 그 복판은 더욱 융기를 많이 하여 침식작용으로 그 지각 바깥층이 다 깎여나가고 속의 현무암질층이 노출될 정도로 침식을 당해버린 뒤 함몰했기 때문에 지금과 같은 현무암질층의 해저가 되었다는 것이다. 이 두 가지 설명은 모두 근거 가 있다. 또 다른 설명은 대륙 지각이 대양 지각으로 변화하는 경우가 있으리라는 가설인데 이는 최신 지식에 위배되는 것으로 받아들일 수 없다.

동해는 오호츠크해 등과 더불어 이른바 연해(marginal sea)라는 것이다. 연해는 현 지구상에는 서태평양 연변부에만 분포하며 태평양과의 사이에는 호상열도가 가로 놓여 있다. 연해의 형성은 호상열도의 그것과 밀접한 관련이 있으며 호상열도의 형성은 그 태평양 쪽의 해연(海淵)의 발달과 밀접한 관련이 있다.

한반도의 윤곽과 황해

한반도의 지질을 모르는 사람이면, 본래 바다이던 곳에서 땅이 솟아올라 한반도가 되었을 가능성을 생각할 수도 있을 것이다. 실제로 일본은 대체로 말하면 그렇게 생겨난 땅이다. 그러나 한반도의 지질과 지질 구조는 모두 해안선에 의해 절단되어 있고 서해안과 남해안은 근래에 바다에 빠져들어 간 지형을 보여 준다. 주변 해역의 형성에 의하여 한반도의 윤곽이 결정된 것이다.

황해저의 지질에 관한 최초의 정보는 황해 남부(제주도 서방) 해저에서 준설(dredging)에 의해 얻어졌는데, 채취된 시료 중 두 개에서 에오세에서 올리고세에 걸쳐 살았다고 알려진 구류화석이 나왔다. 황해도와 평안남도의 서해안 지대에는 에오세 후기의 함탄층이 산재한다. 해안과 해저의 이 지층은 같은 시대의 것임이 분명하며 현재까지의 자료로는 이들이 황해 생성의 기록으로서 가장 오래된 것이다. 한편 해저의 에오세 화석산지보다 훨씬 북쪽인 황해 중앙부에서 석유 탐사를 위하여 실시한 시추 결과에 의하면 약 2,000m 두께의 고제3기 해성층이 분포하며 그 위에 신제3기의 해성층이 놓여 있다(두께 약 700m). 이로서 황해의 침강이 고제3기에 시작되었다는 것과 현재와 같은 황해는 신제3기에 와서야 이뤄졌다는 걸 알 수 있다.

동해고륙

고생대와 중생대 동안(약 5억 년간) 현재의 동해 자리는 육지였음이 분명하다. 강원도의 고생대지층의 암상배열과 고류계(古流系)를 연구해 보면 그 구성물이 동해 쪽에서 운반되어 왔음을 알 수 있다. 그곳에 고지가 있어서 그 침식물이 유수에 의해 퇴적된 것이다. 중생대의 백악기에도 그와 같은 관계가 성립된다. 영남 일대의 침강분지에 쌓인 퇴적물의 상당한 부분이 동해 지역의 고지에서 왔다. 대구에서 동해안까지 같은 지층을 옆으로 따라가 보면 쇄설물의 알갱이가 차츰 굵어지는 것을 알 수 있다.

틀림없이 동해의 육지는 침식으로 깎인 만큼 솟아올라 고지를 유지했으리라는 추측을 하게 한다. 오랜 지질시대를 통해 때로는 천천히, 때로는 빨리 융기해온 동해 지역의 육지를 동해고륙이라고 부르기로 한다. 동해고륙의 존재는 일본과 러시아 연안주의 지층 연구를 통해서도 널리 인정되고 있다. 러시아 연안주 시코테알린의 페름기와 백악기 전기의 퇴적물은 화강암의 침식물로 이루어졌는데, 그 공급지는 동해고륙 이외에는 찾아볼 수 없다고 한다.

모든 육지의 지각이 그러하듯이 동해고륙도 화강암질층(평균두께 35 km)으로 이루어졌음은 물론이다. 5억 년간 계속 침식을 당했다면 마지막에는 (화강암질층 아래의) 현무암질층이 노출되거나 거의 노출될 형편에 있었을 것임을 짐작할 수 있다. 5억 년에 걸친 동해고륙의 부력의 원인이 무엇이었는지에 관해서는 맨틀의 상변화로 인해 동해고륙 아래 가벼운 맨틀물질이 생겨났다는 설명이 가장 그럴 듯하다. 그러면 맨틀 상부의 상변화의 원인이 무엇인지에 관해서는 아직 적당한 설명이 없다.

동해고륙 융기 시대에 이어 침강의 시대가 닥쳤는데 그 전환 시의 상황은 큰 관심거리다. 무엇이 이 전환을 가져왔는지 구체적으로 알기는 어려우나 침강의 원인이 무엇이었든 간에 융기에서부터 침강으로의 대전환이 일어났고 오랜 뒤에 해역이 되었는데, 그 침강의 초기사가 경상분지에 반영되어 있음이 알려졌다. 경상분지는 중생대 후반에 영남 일대에 형성된 침강지대다. 이 침강지는 오늘날 황하 하류가 그런 것처럼 육지에 자리 잡고 있고, 계속 침강했으나 부근 고지의 침식물로 계속 메꾸어져 바닷물이 들어오지 못했다.

경상분지의 증언

경상분지의 발달사는 최초기, 초기, 중기, 후기 및 최후기로 나눌 수 있다. 최초기와 초기에는 지리적으로 국한된 범위 안에서 침강과 퇴적이 이루어졌다. 그 국한된 범위란 경상분지 안에서도 아주 국한된 범위였다. 그러나 중기에 들어오면서부터 침강 범위는 갑자기 확대되어 우리가 경상분지라고 부르는 넓은 땅이 모두 침강지가 되었을 뿐 아니라 나아가 영동 부근의 영동분지, 구례 부근의 구례분지 등 각 곳에 침강 현상이 일어났다.

광범한 침강과 더불어 침강지 안에서 화산활동이 활발해졌다. 이 두 현상 즉, 화산활동과 침강의 기원은 서로 밀접한 관련이 있음에 틀림없다. 이 중기 동안 침강지에 쌓인 지층을 하양층군이라 부르는데 하양층군을 조사해 보면 상당히 요동하는 지반 위에 퇴적된 특징을 갖추고 있다. 그러나 하양층군 퇴적의 가장 특기할 만한 점은 정단층퇴적이다. 정단층퇴적이란 침강하는 넓은 지반에 여러 평행한 정단층이 생겨

땅덩이가 서로 변위 운동(전문용어로는 지괴 운동)을 하는 동안에 진행되는 퇴적현상을 말한다. 이들 단층 운동이 분지의 침강 운동과 화산활동을 촉진했다. 정단층 운동은 지각이 신장될 때 생긴다. 지각이 신장되면 침강하기 마련이며, 지압의 감소로 지하에 마그마가 생겨나 단층을 따라 올라오는 화산활동이 생겨난다. 경상분지 발달 후기는 화산활동이 가장 격렬했던 시기이며, 이어 불국사 화강암류의 관입이 가장 왕성했던 때(경상분지 발달 최후기)가 왔다. 후기와 최후기는 백악기 후기에 해당한다. 이러한 지각의 신장 운동이 경상분지에 일어나고 있는 동안 동해고륙에는 더 심한 신장 운동이 일어났을 가능성이 있다. 그랬다면 이것이 침강의 계기가 되었을 뿐 아니라 확장도 가져왔을 것이다.

한반도의 융기

한반도의 융기의 역사를 추구해 보면 백악기 후기의 불국사 화강암류 관입 시기까지 거슬러 올라간다. 한반도 남동부의 경상분지는 불국사 화강암류의 관입절정기에는 침강이 중지되었다. 이러한 퇴적분지의 종말이 곧 한반도 동부의 융기의 시작이라 추정된다. 약 9천만 년 전의 일이다. 그 후 한동안 화강암의 관입이 있었고, 신생대의 에오세 직전까지, 즉 약 6천만 년 전까지 계속되었다. 화강암은 비중이 가벼운 암석이므로 그것의 침입을 받는 지각의 부분은 융기하기 마련이다. 불국사 화강암의 관입은 영남 일대에 가장 왕성했으나 한반도 전역 곳곳에 편입했다. 한반도 주변 지역에는 불국사 화강암의 관입이 없었다고 단언할 수는 없으나 적어도 활발하지 않았으리라고는 단언할 수 있다. 왜냐하면 만일 활발한 관입이 있었더라면 그 부분의 지각에도 화강암질 층이 두꺼워져 부력을 가지게 되었을 것이고 그랬더라면 가라앉아 해역이 될 수 없었을 것이기 때문이다. 불국사 화강암류가 한반도 부분에 관입하고 있었을 때 동해와 한반도의 경계가 이미 형성되었겠는가? 그럴 가능성이 많다.

경상분지 발달사의 중기, 즉 하양층군의 퇴적 기간은 백악기 전기의 후기인데 이와 대략 동시에 러시아 연해주 시코테 알린의 동부에는 심부단층이 생겨났다. 어느 러시아 지질학자는 시코테 알린에 붙어 있던 일본(본주 북부의 북해도)이 이때 이 단층 때문에 분리되어 나갔고 이 열곡이 차츰 벌어져 동해의 중앙해분이 되었다고 설명하고 있다. 시코테 알린에는 백악기 후기의 약 9천만 년 전후에 (즉 한반도 남동부에 불국사 화강암이 크게 관입하기 시작한 무렵에) 대변위를 보인 단층이 생겨났다. 백악기 전기 말에 생긴 지각의 신장 운동이 백악기 후기에 들어서서 더욱 격렬해진 것이다. 일본(서남일본 내대)에서도 경상분지 발달사와 흡사한 분지 발달사가 있었는데 백악기 후기에 들어서면서부터 화성활동의 규모와 양상에 큰 변화가 일어남과 동시에 단층운동도 활발해졌다. 화성암의 관입과 분출활동은 암반에 변형을 일으키지 않고 다만 변위만을 일으킨 점이 특징이다.

현 동해의 형성

해저물리탐사에 의하면 동해 중앙부 해저에는 평균 두께 1.5km 내지 2.0km의 퇴적층 덮개가 있는데 그 상부는 미고결 수평층(Pliocene-Recent?)이고 하부는 반고결 약습곡층이다. 그 아래 화산암-퇴적암 복합층이 있다. 동해 중앙부의 해저시추 결과에 의하면 이 퇴적물 덮개는 마이오통 마이오세의 지층과 암석을 마이오통(統)이라 한다.

상부-플라이오통-홀로통(여러 층의 규조토를 함유)이며 그 아래에는 녹색 응회암이 있어 시추를 계속하기 어렵다. 이 녹색 응회암은 일본의 동해 쪽 해안지대에 분포하는 마이오세 전기의 것과 같은 것이다. 동해저 퇴적물 덮개 아래 깔려 있는 화산암-퇴적암 복합층에는 이 녹색 응회암뿐 아니라 백악기 후기의 화산암도 포함되어 있을 것으로 짐작된다. 그 속에 고제3계가 포함되어 있는지 여부는 아직 알 길이 없다. 만일 장차 동해저에 고제3계가 분포한다고 알려졌을 때 그것이 해성층이라면 동해의 기원은 고제3기까지 거슬러 올라가게 될 것이다. 만일 그것이 육성층이라 하더라도 동해 이전의 동해분지의 적어도 일부가 그때 이미 침강하고 있었다는 기록이 될 것이다.

신생대 신제3기초, 즉 마이오세 초기의 한반도 동해안 지대에는 화산암과 육성층(양북층군)이 쌓였으나 그 뒤에는 해성층(연일층군)이 퇴적되었다. 한반도의 동해 주변 지역과 마찬가지로 일본 열도의 동해(일본해) 주변 지역도 백악기 내지 고제3기 동안에는 없었던 해성층이 신제

3기에 들어와서는 발달하기 시작했다. 일본의 마이오세 전기의 식물군은 온대-냉온대성의 낙엽광엽수종이 주체이며 구과류를 수반하며, 상록활엽수는 거의 찾아볼 수 없다고 한다. 마이오세 중기는 난해(暖海)가 육지 깊숙이 침입한 시대로서 난류의 영향으로 남쪽의 아열대림은 다시 북상하여 당시 일본의 삼림은 온대성수종과 아열대림수종이 혼합하여 극히 풍부한 식물계를 이루었음이 화석 기록에 나타나 있다.

이러한 자료는 마이오세 중기에 동해 지역이 광범한 바다가 되어 난류가 들어오게 되었음을 암시한다. 동해 지역에 해침(海浸)을 가져온 대함몰이 마이오세 초의 대화산활동과 동시에 일어났다. 동해저가 대륙지각의 함몰로만 생겨난 것이 아니고 동해 중앙해령만은 일본 열도의 이동 때, 즉 해저 확장으로 생겨났다는 설명도 유력하다. 일본해분 이외에는 실제로 붕괴·함몰된 대륙 지각의 덩이들이 동해저에 있는 것이 사실이다. 예를 들면, 울릉도 북방의 해산에서 채취한 화강편마암은 약 20억 년 내지 27억 년의 연령을 보여 줬다.

고지자기학적 연구에 의하면 일본 열도는 백악기까지는 일직선이었던 것이 고제3기 동안에 60°만큼 굽어져 현재의 호상(弧狀)을 이루게 되었다. 동해의 중앙해분이 확장에 의하여 생겨났다면 고제3기 동안에 생겨났다고 보는 것이 이 연구 결과와 부합된다. 고제3기 중에서도 어느 시기가 대변동기였겠는가? 불국사 관입암의 최후이며 서해에 퇴적이 시작된 에오세 초가 유망할 것으로 생각된다.

동해고륙이 백악기 중엽에 붕괴되기 시작하여 마침내 마이오세의 대해역으로 변화하기까지의 기간, 즉 백악기 후기와 고제3기의 대전환기 동안 동해고륙은 붕괴, 함몰 및 확장의 과정을 거쳤을 것이지만 아마도 에오세에 가속적인 격변이 있어 한반도의 주요 경동(즉 한반도 동부의 융기)과 황해 지역의 육성층 퇴적이 시작되었을 것이며, 동해고륙의 결정적 함몰과 확장이 있었을 것이다. 아마도 에오세와 올리고세 동안에는 육성층의 퇴적도 곳곳에 있었을 것이고 이미 원시 동해가 생겨나 있었을 것이다.

한반도의 동부가 솟아올라 한반도의 뼈대를 이룬 것과 그보다 동쪽에 있던 땅이 꺼져 내려앉아 동해가 생겨난 것이 일련의 현상이고, 이 거대한 지괴 운동이 한반도 형성에 어떤 주도적인 구실을 했을 것이라고 필자는 생각한다.

크게 보면 한반도와 황해는 한 개의 지괴다. 한반도가 동고서저의 경동 운동을 했다는 것은 그대로 황해의 침강을 의미한다. 한반도의 남쪽에 있는 일본 규슈에는 한반도와 같은 동고서저의 경동은 인정되지 않는다. 그렇다면 한반도 서해지괴의 경동 운동은 그것과 서남 일본 간의(?대한해영-제주도 선의) 단층 운동을 파생하지 않을 수 없었을 것이다. 필자는 남해를 크게 보아 하나의 단층대로 생각한다. 마이오세 초의 대화산활동에 유도된 동해의 완성 이후에도 간간이 해저화산 활동이 있었다. 울릉도의 화산활동이 그 예다.

제17장

지하수란 이름의 지하자원

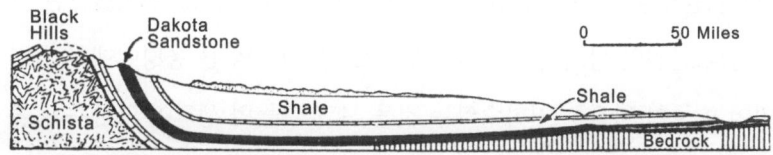

다코타 사암을 보여주는 지질단면도(수직축적은 심히 과장되어 있음). 미국 남다코타주 서부의 블랙힐 지방에서 지표수는 다코타 사암 속으로 유입된다(본문 참조).

슬기로운 살림꾼 같은 지층

　슬기로운 살림꾼 같은 자연은 늘 얼마만큼의 물을 땅속에 저장해둔다. 통계에 의하면 온습한 저평지대에 강우량의 3분의 1은 지표수가 되고, 3분의 1은 증발되고 나머지는 땅속에 스며들어 지하수가 된다.
　도시가 커지고 공업화되면 지표수만으로는 도저히 그 수요를 감당할 수 없게 되어 땅속 물의 저축을 꺼내 쓸 궁리를 하기 마련이다.
　중세 서양인들은 강물은 땅 중심에서 신비적으로 솟아나는 것이라고 믿었다. 물론 이런 관념은 과학적인 것은 아니다. 그러나 필자는 낙동강의 근원인 황지의 물이 석회암으로 된 지반의 큰 웅덩이에서 끊임없이 솟구쳐 나오는 지하수라는 것을 보고 그들의 생각이 지하수 용출의 관찰에 근거한 것이 틀림없다고 생각했다.
　낙동강원은 황지(黃池)라고 하지만 황지의 근원은 대기다. 대기의 물이 땅에 떨어지면 돌과 흙의 틈을 통해 지각 속에 배어든다. 흙이란 돌로 된 지각 표면의 군데군데 녹슨 부분이라 비유할 만한 데 불과하므로 지하수의 창고라는 점에서는 그 중요성이 매우 적다. 그러므로 지하수란 요컨대 돌 속의 물이다. 딴딴한 돌 속에 무슨 틈이 얼마나 있어서 그 물을 뽑아 올려 가정과 공장에 물을 댈 수 있을지 모르지만 실로 그 수량(水量)이란 엄청난 것이어서 계산에 따르면 전 지하수량은 연간 지구상의 강우·강설량보다 많다.
　지하수 개발에 극적인 성공을 한 땅은 대개 수성암지대인데 수성암

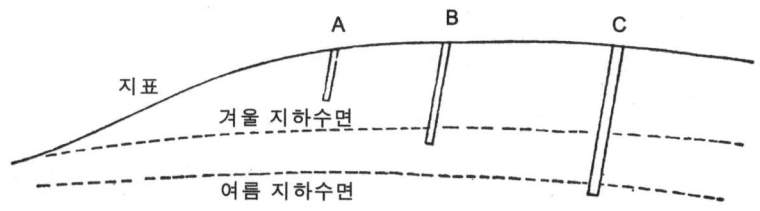

그림 17-1 | 깊이가 다른 우물 A, B, C

이란 모래나 펄과 같은 돌알맹이가 엉켜서 된 암석이므로 그 속에는 구멍이 많다. 우선 구멍(공진)이 많은 암석이어야 물을 많이 머금고 있을 수 있으므로 공진률이 큰 것이 지하수은행의 첫째 조건이다. 그러나 물을 머금고 있기만 해서는 좋은 물 은행이 못 되고 그것을 잘 유통시킬 수 있어야 하므로 투과력이 큰 암석이어야 좋은 지하수의 은행, 즉 대수층이 될 수 있다.

투과성 암석으로 된 땅이라고 해도 지하수가 지면까지 가득 차 있는 것은 아니다. 언덕의 우물은 깊이 파야 물이 나고 골짜기의 우물은 바가지로 퍼 올리는 것이 보통이다. 한 지대의 우물의 수면을 연결해 놓으면 그 지표면의 기복과 상당히 닮은 면이 되는데 이를 지하수면이라 한다. 여름에는 땅의 물이 많이 증발하므로 지하수면이 낮아지고 겨울에는 높아져서 여름에 마르던 우물도 겨울이 되면 물이 나는 것을 종종 볼 수 있다.

〈그림 17-1〉의 우물 A는 그 바닥이 지하수면보다 얕기 때문에 지하

수면 아래로 스며드는 도중에 있는 물이 걸려들어 그 우물이 된다. 이런 우물은 수량의 증감이 대중없이 심하고 지표의 오물로 오염되기 쉽다. 우물 B는 겨울 지하수면 바로 아래까지 내려갔지만 여름 지하수면까지 이르지는 못했기 때문에 여름에는 물이 마른다. 우물 C는 여름 지하수면보다도 깊이 뿌리박았기 때문에 가뭄에 마르지 않는다.

피압수 개발의 실례

지하수 개발에 가장 유리한 지질 구조는 대수층과 그 위에 놓인 불투과성인 점토질암층이 함께 향사를 이루고 있는 경우이다(머릿그림). 이러한 구조분지 주변부의 지하수면은 그 중심부의 지면보다 높거나 거의 가까워서 분지 중심부에 우물을 파면 불투수층 아래 갇힌 피압수는 펌프질하지 않아도 물이 저절로 솟든지 아니면 비교적 쉽게 길어 올릴 수 있다.

미국의 극심한 건조지대인 사우스다코타주 서남부에 처음으로 철도가 부설되었을 때 벌링턴 철도회사는 물의 부족 때문에 큰 난관에 부딪혔다. 달튼은 1905년 이 지역의 지질 조사를 끝낸 다음 그 지질단면원에 의거해서 1,000m의 시추를 하면 그 밑에 깔려 있는 고생대의 대수층에 닿아 찬정수를 끌어 올릴 수 있을 것이라고 말했다. 철도회사는 그 당시의 시추 기술로 3년에 걸쳐 990m의 시추 작업을 하여 하루 40

만 갤런의 물을 얻을 수 있었다(머릿그림 참조).

그보다 40년 후에는 50일간 시추해 새 우물을 다시 뚫어 하루 150만 갤런의 물을 같은 대수층에서 얻었다. 뉴욕의 롱아일랜드의 450만 주민은 매일 7억 갤런의 물을 사용하는데 그중 3억 갤런은 찬정수다. 이곳에는 지하수를 너무 심히 길어 올린 결과 지하수면이 저하하여 수량이 줄어들기 때문에 냉장고와 냉난방장치에 사용한 물은 뉴욕주의 법규에 의해 대수층 속으로 도로 넣게 되어 있다.

우리나라에서도 이제 지하수가 중요한 지하자원임을 절실히 느끼고 있다. 앞으로는 표토(表土)와 사력층 속의 지하수뿐만 아니라 그 아래에 있는 기반암 속의 지하수를 찾는 데 더 많은 힘을 써야 할 것이다.

제18장

하나뿐인 지구의 자원

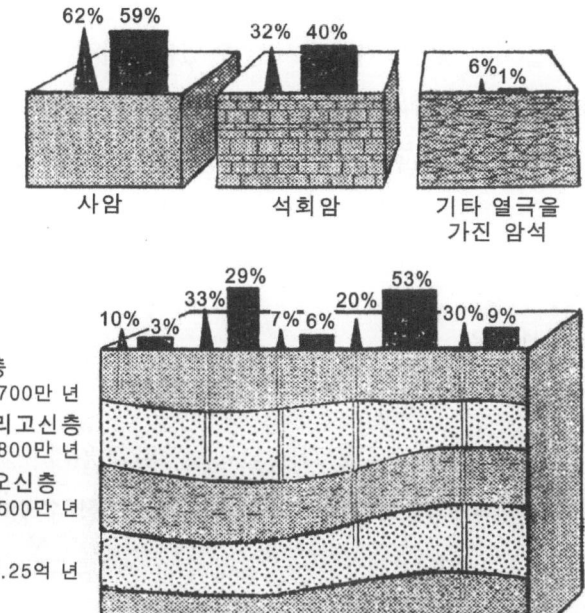

세계 탄화수소류의 암종별 및 시대별 산출 비율(뾰족한 것은 천연가스, 네모꼴은 원유). 위쪽 그림의 왼쪽은 사암에서(즉 사암을 저류암으로 하여) 전 세계 석유의 59%, 전 세계 가스의 62%가 산출되고 있음을 뜻한다. 위쪽 그림 가운데는 석회암, 오른쪽은 기타 열극을 가진 암석에서의 산출량 비율이다. 아래쪽 그림은 고생대층, 중생대층, 신생대의 에오신과 팔레오신층, 마이오신과 올리고신층 그리고 플라이오신과 플레이스토신층에서 각각 얼마만큼의 탄화수소류가 산출되어 왔는가를 보여준다.

태양계에는 사람이 이주하여 살 수 있는 환경 조건을 갖춘 행성은 하나도 없다. 우주선이 보내온 정보로 그것은 더욱 확실히 되었다. 장차 만일 우리 태양계 이외의 태양계에서 어느 행성이 지구와 유사한 기권, 수권 등을 가져 사람이 거기 가서 살 수 있음이 알려진다 해도 우주선 속에서 수십 년 또는 일생을 보내야함으로 실현성이 없다고밖에 볼 수 없다. 그러므로 '하나뿐인 지구'라는 말은 영구히 타당할 것으로 생각된다.

화석 연료

특히 석유, 석탄 같은 화석 연료는 생물 기원의 지하자원으로써 생물계가 없는 다른 행성에서는 그 부존을 기대할 수 없다. 앞으로 화석 연료를 오직 에너지원으로만 사용하게 될 경우를 두고 고찰해 보자.

세계의 하루 에너지 소비량을 석유 배럴(42갤런)로 환산하면, 1960년에는 6,200만 배럴, 1970년에는 9,900만 배럴, 1975년에는 1억 3천 500만 배럴로 연간 약 5%의 증가율을 보이고 있다. 이는 에너지 자원의 생산량의 증가율인데 가령 이후 에너지 소비를 극도로 긴축하여 그 생산량이 1970년도의 수준에서 머물 수 있다고 가정하면 현재 알려진 가채 매장량을 가지고 앞으로 몇 년간 사용할 수 있을 것인가를 살펴보자.

1975년 현재 화석 연료의 매장량은 원유 1조 115억 배럴, 천연가스 41조 9,580억㎥, 석탄은 4조t(M/T)이다. 1970년 말 이들의 생산량은 각각 165억 배럴, 1조 3천 170억㎥ 및 30억t이다. 1975년 이후 새로 발견되어 추가된 광량이 있지만 그동안 써버린 양과 대략 상쇄된다고 하면 1975년도의 매장량을 가지고 현재의 매장량으로 삼을 수 있을 것이므로 이를 1970년도 기준의 생산량으로 나누면 원유는 앞으로 61년간, 천연가스는 32년간, 그리고 석탄은 1,330년간 사용할 수 있다는 계산이 나온다. 주의할 점은 만일 현재의 증가 추세대로 에너지를 소비해 간다면 이 연수보다 훨씬 빨리 고갈된다는 것이다.

예를 들면 석유는 30~40년이 지나면 고갈된다는 전망이다. 이 때문에 특히 해저에서 유전을 발견하려는 노력이 진행 중이며 북해 등 각 곳에서 성공을 거두고 있다.

향후 30~40년간 원유와 천연가스를 다 써 버린다고 해보자. 그래서 지금까지 여러 화석 연료가 공동으로 부담하던 에너지를 석탄이 전담하게 되면 몇 해나 갈 것인가? 그 막대한 매장량이 가진 에너지를 석유 배럴로 환산하면 18조 배럴이 된다. 1970년도의 총 화석 연료 생산량을 석유 배럴로 환산하면 383억 배럴이 된다. 만일 새로 발견되어 추가될 광량이 커서 1975년의 매장량이 30~40년 후의 매장량일 수 있다고 가정하면(18조 배럴을 383억 배럴로 나누면) 470년간 사용할 수 있다는 계산이 나온다. 이것도 만일 현재의 에너지 소비 추세대로 써 버린다면 200년도 못 가서 다 써버릴 것이다.

더욱이 석유와 석탄은 그것이 에너지원일 뿐 아니라 각종 화학제품의 원료인 만큼 30~40년 후에 특히 석유의 고갈이 물질문명에 미칠 충격은 클 것으로 생각된다. 현재 세계 총에너지 공급량에서 원자력 에너지가 점하는 부분은 수 %에 불과하지만, 점차 증가할 것이나 핵 오염이라는 치명적 위험이 뒤따르고 있다. 태양 에너지의 직접 이용 등 다양한 에너지 개발을 서둘고 있으나 막대한 시설 등의 이유로 그 에너지의 코스트는 오랫동안 석유 에너지의 코스트보다 높다. 석탄도 고성능 에너지원으로 압축시키려면 액화, 기화 등 각종 가공이 필요하고 가공에 드는 비용이 첨가되므로 적어도 원유가 채진될 앞으로 30~40년간은 에너지로써 원유의 군림이 지속될 것이다.

우리나라의 무연탄 개발은 악조건을 무릅쓰고 진행 중이며 막대한 정부 보조로 유지되고 있다. 채탄의 지하 깊이는 매년 20~30m씩 내려가고, 현재 총생산의 30%가 지하 500m 또는 그 이하의 심처에서 채탄되고 있다. 거기다 점점 탄폭이 좁고 입지 조건이 나쁜 광체를 캐면서 정부의 막대한 재정자원이 필요해졌다. 1970년대에 총 약 1,700억 원의 보조가 있었다.

금속 광물 자원

이제 에너지원 이외의 광물자원에 대해 살펴보기로 하자. 이른바 유용광물은 그것들이 집결되어 있는 광상에서 채굴된다. 어떤 금속광물은 매우 풍부하고 광범위하게 분포되어 있어서 저품위 광상까지 채굴하고, 제련할 기술이 개발되고, 시장 수요가 증가할 경우 수천 년간 공급할 수 있는 양이 있다.

그러한 광물로는 철, 알루미늄, 마그네슘이 있다. 그만큼 많지는 않으나 그래도 비교적 풍부한 매장량을 가지고 있는 것으로는 망간, 크로뮴, 티타늄이 있다. 이 모든 원소는 지각 구성물질의 1% 무게의 1/100 이상을 점하는 원소들로서 모두 그것을 함유하는 광물의 기본 성분을 이룬다.

기타 금속광물, 즉 지각구성비로 1%의 1/100 이하인 것은 비교적 희소하고 그 광상들은 흔히 불규칙하고 국부적으로 발달한다. 이 광량의 유한성은 미구에 큰 위협으로 대두될 것이다. 21세기 후반에 들어서서 세계적으로 공급 부족 현상을 나타낼 광물로는 동, 금, 연, 수은, 몰리브덴, 은, 석, 아연 등이 있다. 이 부족현상은 아무리 제련 기술이 발달하고 개발 계획을 미리 잘 세워도 불가피할 것으로 생각되고 있다. 저품위 광상을 개발하려 할수록 에너지 수요와 비용이 급증하는데 그런 제약 요인을 무시했을 경우의 이야기이기 때문에 공급 부족의 압력은 더욱 가중될 것이다.

제19장

석유의 지질학

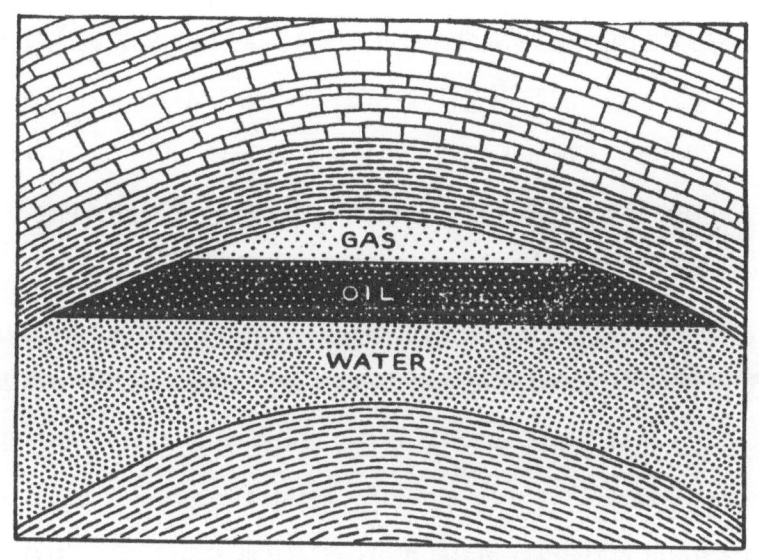

전 세계 석유와 가스의 대부분이 배사구조에서 산출된다.

석유의 생성

원유는 파라핀계(C_nH_{2n+2})를 주로 하는 고체, 액체, 기체상의 탄화수소류의 혼합용액이다. 그 밖에 여러 비율로 여러 화합물질이 섞여 있어 정유소에서는 이를 분리시키기 마련이며 이 때문에 유전에 따라 원유의 성질과 값이 다르다. 석탄과 달라서 석유는 근원물질의 흔적이 남아 있지 않고 또한 석유는 생성된 제자리의 암석 속에 머물러 있지 않으며 대개 지하수면 위에 떠서 중력의 작용으로 이동하기 마련이다. 따라서 그 기원의 문제는 많은 시선을 끌었음에도 불구하고 확실한 해답을 얻기가 어렵다.

19세기의 화학자들 사이에 유행하던 석유의 무기기원설(無機起源說)을 지지하는 지질학자는 현재에는 없다고 해도 과언이 아니다. 그들은 지각으로 스며든 물이 수증기로 변하여 철이나 기타 금속의 탄화물과 작용하여 탄화수소를 만들 수 있다고 생각했다. 오늘날의 전문가들은 생물기원이 확실하다고 인정하고 있으며 식물과 동물의 공동기원설이 강조되고 있다. 단세포의 조류(藻類), 규조류 같은 현미경적 식물, 포자와 같은 식물질, 그리고 동물로써는 단세포의 유공충류 등이 주요 석유 기원물질로 일컬어지고 있다. 고등한 해서동물도 석유 근원생물이 될 수 있다는 생각이 있으며 어류 찌꺼기로부터 파라핀이 실험 제조된 일도 있으나 고등동물은 양적으로는 하등생물보다 비교도 안 될 만큼 적다.

미세하고 분산된 생물질이 매적되기 전에 순화 분해되지 않고 보존되려면 침체되고 혐기성인 해저환경을 만나야 한다. 이것이 석유 생성에 가장 필수적인 최초의 단계로 생각된다.

유기물이 석유로 변화되는 동안에 일어나는 화학적 생화학적 변화도 아직 잘 모른다. 초기 단계는 박테리아의 작용이 관여하는 것으로 여겨진다. 혐기성 박테리아가 메탄가스를 만든다는 것은 현재 흔히 관찰되는 바와 같으나 복잡한 파라핀계의 탄화수소를 만든다는 것은 알려지지 않았다. 이 박테리아가 난백(卵白, albumen)과 셀룰로오스를 붕괴하여 산소와 질소의 대부분을 없애버리면 지방산($C_nH_{2n}O_2$)이 생겨날 수 있을 것이다. 석유 생성의 최종 단계는 전적으로 무기적 과정이기 쉬우며 계속 쌓이는 퇴적물의 하중과 지열이 함께 작용했을 것이다.

근원암이 다져짐에 따라 퇴적물 틈에 있던 물과 기름은 짜여져서 이동하기 마련이다. 그다음에는 물리적 요인들, 그중 특히 표면장력(물보다 기름이 적음), 중력(기름은 물보다 가볍고 소금물보다는 더욱 가벼움), 그리고 불용성 가스의 증기압이 작용하게 된다. 기름은 사암에서 이동되어 나와 저류암의 엉성한 틈에 고인다.

좋은 저류암은 좋은 저수암과 흡사한 성격을 갖고 있다. 공극(孔隙)이 충분히 큰 모래층이나 사암, 기름이 자유롭게 운동할 수 있을 만한 구멍과 많은 금이 가 있는 석탄암과 고탄암이 개발에 가장 적합한 암석이다.

마지막으로 뚜껑이 되는 지층이 적당한 지질 구조를 이루고 있어서 기름이 지표에 새어버리지 않도록 봉해 두어야 한다. 가장 간단한 저유 구조는 돔(dome), 혹은 배사(背斜)이며 가장 흔한 뚜껑은 비투과성 셰일 혹은 이암(泥巖)이다. 기름은 그 비중이 낮고 물 위에 뜨기 때문에 기름이 고여 있기 가장 좋은 지질 구조는 좋은 저수 구조를 거꾸로 놓은 것과 같다.

석유의 산출

이상 여러 가지는 개발 가능한 유전(油田)의 필수조건이다. 기름이 근원암에서 생겨나야 하며, 짐에 눌려 다져짐에 따라 기름이 짜여져 나와야 하며, 중력에 따라 위 혹은 옆으로 이동해야 하며, 기름이 고일 구조 덫이 있어야 한다.

기름은 마침내 상당한 압력 아래 있게 되므로 처음 시추에 서는 세찬 기름 줄기가 솟구치지만 곧 압력은 떨어지고 기름은 펌프로 퍼 올리게 된다. 한 유전이 채진되어 갈 때는 여러 가지 방법으로 마찰과 모세관 현상에 기인한 저항을 줄여서 길어 올리지만, 아무래도 못 꺼내는 기름이 남게 된다. 현재의 기술로는 저류암 알갱이에 붙어 있거나 공극에서 공극으로 연결되어 있는 기름막은 어쩔 도리가 없고, 본래의 기름 매장량의 반 정도밖에 못 꺼내 쓴다.

유징(油徵)에는 기체, 액체, 고체가 있으나 옛날과 달라서 유징을 크게 신뢰하지는 않고 있다. 메탄가스, 황화수소 및 이산화탄소는 가장 흔한 것이다. 한 기차 정거장의 조명으로 수년간 사용할 유징가스가 나온 일도 있다. 액체 유징에는 여러 가지가 있는데 맑은 빛깔의 물과 기름이 섞인 것도 있지만 검고, 점성이거나 거의 고체인 것이 많다. 아스팔트질의 기름은 흔히 무거운 찌꺼기를 남긴다. 그러나 여과된 맑은 기름은 빨리 증발하여 보기 어렵다. 유징이 없다고 해서 기름이 없는 것은 아니다. 다량의 유징이 있어도 남은 기름이라고는 그 유징뿐인 경우도 있다. 때로는 아스팔트의 못(웅덩이)도 있다. 유징이 전혀 없어도 적당한 퇴적암과 구조만 있으면 비싼 시추를 해 보는 것이 보통이다.

지질학자의 임무

석유 탐사를 담당하는 지질학자의 첫째 임무는 저류 구조를 발견하는 일이다. 지질학자는 선정된 지역의 상세한 지질도를 만들어야 한다. 지층 경사의 사소한 변화라도 매우 중요한 것이다. 지질도를 가지고 지층등고선도를 만들어 어디에 돔 구조가 있으며 어디에 시추를 해야 할지를 판단하게 된다. 지층 경사가 2, 3°만 달라져도 돔의 규모가 크면 기름이 갇히는 범위는 엄청나게 달라진다. 그래서 지질학자는 '지층경사가 갑자기 3° 더 급해졌다'라는 식의 표현을 쓴다.

석유 지질학자에게 극히 중요한 완만한 지질 구조의 지질도를 그리는 데 있어서는 지층 대비를 극히 정확하게 할 필요가 있다. 흔히 이 일은 현미경을 사용하여 미화석(微化石)을 연구하는 전문 고생물학자가 담당한다. 예를 들면 유공충을 연구하여 지층 대비를 하는 것인데 한 조각의 시추암심(시추하여 끌어올린 원통 모양의 돌)에는 수천 개체의 유공충이 들어 있다. 혹은 물리적 방법도 사용되는데, 예를 들면 전류를 시추공에 내려보내 각층(점토, 모래, 석회암 등)의 전기 저항도나 기타의 전기적 성질을 측정하여 지층 대비에 사용하는 것이다.

지하의 지질 구조가 지표에는 잘 나타나지 않는 경우도 있다. 지표에서 볼 수 있는 젊은 지층 아래 부정합적으로 깔려 있는 묵은 지층은 석유를 담을 수 있는 지질 구조를 가지고 있는 경우라고 할지라도 위의 젊은 지층에 가려서 모르는 수가 있다. 이럴 때 지구물리학이 동원된다.

지구물리학적 방법

지구물리 탐사가 기름을 직접 찾아내지는 못하지만 지표에서 측정하여 지하의 지층 경계를 그려낼 수 있는 경우가 있는데 그렇게 되면 지질 구조를 알아낼 수 있다. 세 가지 지구물리학적 방법(지진파, 중력, 전기적 성질의 측정) 가운데 지진파 방법이 가장 성공을 많이 거두고 있는데 이는 물 대신 암석에서 하는 음향 측심법이라고나 할까. 수 미터 내지 수십 미터 길이의 구멍 속에서 폭약을 터뜨려 진동을 일으키고 그 충격

파가 견고한 암층의 여러 수준에서 반사되어 오면 같은 거리로 장치해 놓은 진동 탐지기가 이를 감진한다. 이것이 확대되어 움직이는 필름 위에 기록되는데 그 필름에는 이미 폭발 시각이 기록되어 있고 폭발이 일으킨 진동의 통과 속도를 가지고 계산하여 반사면의 길이를 알 수 있다. 그러한 일련의 계측 결과를 대비하여 지하등고선도를 만들면 반사면(지층경계면)의 깊이와 모양이 나타난다. 이처럼 지구물리학적 방법은 요컨대 지질학적 판단을 위한 보조 수단으로 사용되는 것이다.

제20장

동중국해 동부의 지질발달사와 산유 전망

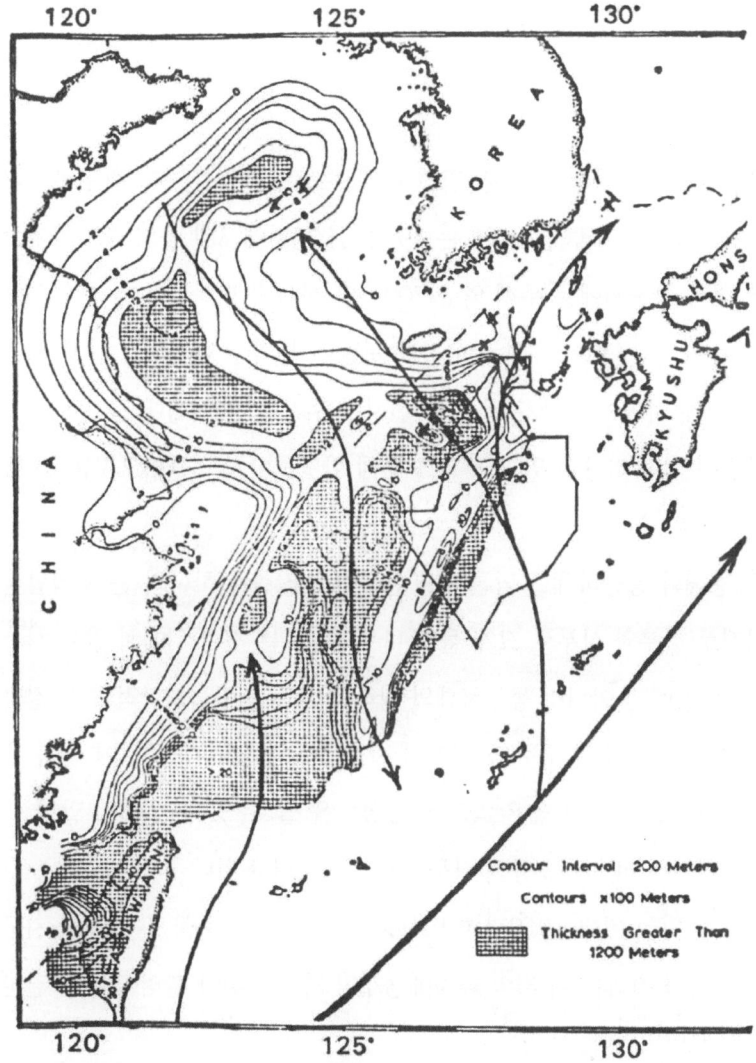

약 1,000만 년 전부터 지금까지의 퇴적층 두께를 표시하는 지질도(×표는 1972~1975년 사이의 시추 위치). 화살표는 해류의 진로와 방향이다.

3개 지층 단위

동중국해저의 지질은 아직 잘 알 수 없지만 그 연속부라 볼 수 있는 황해저의 지질은 비교적 잘 알려져 있으므로 그 정보부터 먼저 분석해 보기로 하자. 미국의 걸프호는 1972~1973년에 3개 공의 해저시추를 한 결과 황해저에는 두께 약 2,700m의 신생대 퇴적층이 깔려 있으나 대부분이 육성층이고 석유 생성과 보존에 불리한 암질임을 알게 되었다. 황해 지역이 바다가 된 것은 신생대 후기일 뿐 신생대 전기에는 그 지역에 퇴적 작용은 있었으나 그 위에 바닷물이 밀려들어오지는 못 했던 것이다.

황해와 동중국해를 막론하고 신생대 퇴적층은 하나의 큰 부정합을 경계로 하부와 상부로 크게 둘로 나누어진다는 것이 위에서 말한 시추 결과에서뿐만 아니라 동중국해와 황해에 걸친 지구물리학적 조사 결과로 알려졌다. 일본 규슈와 대만의 지질을 보면 신생대 중엽에 습곡 운동, 즉 지층을 구겨 놓은 작용이 있었음을 알 수 있다. 위에서 말한 큰 부정합이란 이 습곡운동의 산물이라고 해석되고 있다.

그리하여 이미 1968년 헌트(Hunt)호에 의한 동중국해-황해의 지구 물리 탐사 결과는 이 지역 해저에 3개의 지층 단위가 깔려 있다는 결론으로 요약되었다.

헌트호 탐사선에 의한 조사는 국제연합 ESCAP(당시는 ECAFE라 호칭)가 당국이 되어 수행한 것으로, ESCAP란 우리나라도 그 회원국인

'아시아태양지역 경제사회이사회'다. 조사에 임한 에머리(Emery) 등의 (1969) 3개 지층 단위란 첫째로 음파 탐사 때 음파가 침투하지 못한, 즉 그들의 용어로는 음파불투명층이 제일 밑에 깔려 있고(이것이 이른바 기반암층), 둘째 단위는 신생대 전기, 셋째 단위는 신생대 후기의 지층이며 양자 사이에 신생대 중엽의 큰 부정합면이 있다. 이하 편의상 제1층, 제2층, 제3층이라 부른다.

제1층과 제2층에서 석유 산출의 가능성을 전혀 배제할 수는 없으나 크게 기대하고 있지 않는 이유는 육지에 있는 이 해당 층에서 그러한 실적이 없기 때문이다. 또 황해저 탐사 결과 제2층이 전적으로 육성층이었기 때문에 황해뿐 아니라 동중국해저의 제2층도 대부분이 육성층이 아니겠나 하는 생각 때문인데 육성층에서도 석유가 안 나는 것은 아니나 예외적임은 이미 굳어진 상식이다. 석유 산출을 기대하고 있는 것은 제3층이다. 대만과 일본에서 석유가 산출된 것은 이제 3층에서이기 때문에 해저의 연장부에서도 석유가 산출되리라고 기대하는 것은 당연하다.

남해저의 시추 결과

참고가 될 시추 결과를 언급하고 지나가자. 남해와 동해가 만나는 울산 앞바다에서 셸(Shell) 사가 1975년에 행한 시추 결과는 그곳의 지질 발달 상황이 동해의 그것과 같음을 알려줬는데 이 글을 위한 큰 참고 자료가 되지는 못한다. 2개의 시추가 남해에서 이루어졌는데 제주도 동북방의 소라호와 제주도 동방의 도미호(1975년 셀 사에서 행함)가 그것이다. 소라호와 도미호의 결과를 종합하면 해면 아래 3,200m 아래에 기반암, 즉 위에서 말한 제1층이 깔려 있고 그 위에 제2층이 퇴적되지 않은 채 (이를 전문용어로 결층이라 함) 바로 제3층이 놓여 있다. 약 3,000m에 달하는 이 신생대 후기층은 대부분이 육성층이어서 그 속에 수십 매의 석탄층이 끼워져 있었고, 해성층은 불과 수 100m였다. 이렇게 엷은 해성층의 분포는 석유 생성의 가능성을 극히 의심하게 하는 것이다.

제주도 앞바다(5광구)에서 텍사코(Texaco) 사가 1972~1973년에 행한 시추 결과는 더욱 가관이었다. 약 1,100m 아래에 편마암(기반암의 일종)이 깔려 있었고 그 위에는 제2층이 빠져 있을(결층)뿐만 아니라 신생대 후기의 층도 신생대 후기의 후기(Pliocene)에 가서야 퇴적이 시작되어 현재에 이르기까지 약 1,000m의 퇴적층이 쌓였으나 십수 매의 석탄층(갈탄)이 끼워 있는 등 상당한 부분이 육성층이었다. 최근에 있은 제5소구(제5광구) 남쪽 끝의 시추가 실망으로 끝난 것도 그곳의 해저지질이 제주도 앞바다의 그것과 대동소이하리라던 필자의 짐작이 들어맞은 결과라고 생각된다.

지사와 해저지형

지금까지 이야기한 것을 일단 종합하면 다음과 같다. 황해 지역과 그 앞바다의 대륙붕은 신생대 전기 동안(수천만 년 전에서 2,500만 년 전)에는 육지였고 곳곳에 두께 2,000m가 넘는 육성층이 쌓이는 내륙 추적 분지가 흩어져 있었다. 신생대 중엽(마이오신 때) 이 일대에 습곡 작용이 있었고 그때도 육지였으며 따라서 침식 작용을 받아 땅이 깎였다.

마이오신세 말, 지금으로부터 약 1,000만 년 전에 본격적으로 바다가 밀려들어왔고 해성층이 쌓이기 시작하여 지금까지 이 신생대 후기의 후기층은 그 쌓인 두께가 2,000m나 되는 곳이 있어 여기서 생겨난 석유가 이동되어 어디에 고여 있을 것으로 기대되나 이를 찾는 것은 앞으로의 과제다.

한 가지 더 살펴보고 지나가야 할 것은 현재는 해저가 되어 있으나 신생대 중엽 전에는 육지였던 지역의 대지형이다.

하나의 큰 북동-남서 방향의 산맥이 한반도 남단과 중국의 남동단을 연결하고 있었다. 이는 중생대에 생겨난 산맥으로, 그 흔적이 현재에도 해저에 남아 있고 신생대 전기 동안에는 육상의 산맥으로서 그리고 신생대 후기에는 해저의 능부로 남아 있었다. 능부가 바로 황해와 동중국해의 경계를 이루는 것이며 영남지괴와 중국의 복현성을 연결한다하여 '복현-영남 능부'라고 불린다.

복현-영남 능부와 평행한 또 하나의 능부가 대만과 일본의 규슈 북단의 신지 지방을 연결시키고 있어 '대만-신지 능부'라고 불린다. 이는 현재 전적으로 해저에 있어 그 지사(地史)를 알기 어려우나 복현-영남 능부와 마찬가지로 중생대에 생겨나 신생대 전기 동안은 육상의 산맥으로서 솟아 있었을 가능성이 크다. 7광구 부근의 이 능부를 보면 신생대 후기층의 두께도 매우 얇아(수 100m) 이 동안에도 구산맥의 흔적이 남아 있었던 듯하다.

7광구 부근의 상황

7광구 부근의 상황을 보면 '대만-신지 능부'가 대륙붕의 가장자리가 되어 있고 그 너머에 오키나와 분지(그 기다란 모양에 따라 곡상분지 또는 주상분지라 불린다)가 있어 수심은 천수백 m에 이른다. 그 너머 태평양 쪽에 류큐 열도라는 호상 열도가 있다.

7광구 면적의 반은 오키나와 분지가, 남은 반은 대륙붕이 점하고 있다. 또 후자 대부분은 대만-신지 능부에 해당된다.

류큐 열도의 지질을 살펴보면 신생대의 암석뿐 아니라 그 아래에는 중생대와 고생대의 암석도 깔려 있어 일본 열도가 그러하듯이 옛날에는 대륙에 붙어 있었던 것으로 추정된다. 그렇다는 것은 현재의 류큐 열도가 신생대 중엽까지는 대륙붕 가장자리였음을 의미한다. 최근 일본의 지질연구기관에서는 오키나와 분지의 퇴적층을 활발히 연구하고 있는데, 그들에 의하면 오키나와 분지의 퇴적은 신생대 후기의 후기(즉 Miocene 후기, 지금으로부터 약 1,000만 년 전부터 시작)에 이루어진 것이라고 한다.

현재의 류큐 열도가 현재의 대륙붕 끝에서 점차 떨어져 태평양 쪽으로 이동되어 감에 따라 결과적으로 생겨난(벌어져서 생겨난) 분지라는 이야기가 된다. 대략 같은 때에 현재의 일본 열도도 태평양 쪽으로 이동해 갔고 일본이 그 때문에 태평양 쪽을 향해 활 모양으로 굽었듯이 류큐 열도도 같은 양상을 취하고 있다고 보는 것이 정설이다.

생물질의 공급과 환원환경

오키나와 분지가 어떻게 생겨났건 간에 거기에는 두께 2,000m가 넘는 퇴적층이 현재까지 퇴적되어왔음이 알려져 있다. 석유의 근원물질도 퇴적물의 일종이므로 퇴적물량이 많으면 그 속에 함입되는 유원물질(생물질)도 많기 마련이다. 7광구에 가장 가까운 육지는 일본 규슈이므로 퇴적물의 상당량이 거기에서 올 것이다. 그리고 해류의 방향으로 미루어 보건대 퇴적물의 상당량은 류큐 열도에서 올 것으로 생각된다.

류큐 열도의 앞바다, 즉 류큐 해구 위로는 남양에서 출발하여 북동진하는 쿠로시호라는 열대 해류가 있다. 이 해류의 한 갈래는 오키나와 부근에서 북상하다가 7광구를 통과할 뿐 아니라 7광구에서 갈라져 하나는 황해로, 하나는 동해로 들어간다. 이 해류는 7광구 일대를 향해 펄과 보모래 등 퇴적물을 운반해 올 뿐 아니라 풍부한 생물질도 함께 운반해 온다. 이 열대 해류를 따라서는 해상미생물계와 어족 등 풍부한 생물계가 형성되어 그 유해는 해류의 속도가 갑자기 주는 7광구 일대에 퇴적되기 마련이다.

아무리 풍부한 유기물질이 퇴적된다고 하더라도 만일 이들이 산소의 침해를 받아(산화 작용) 파괴된다면 석유 생성은 기대할 수 없다. 해류는 생물질만 운반해 올뿐 아니라 산소도 함께 싣고 오므로 해류와 파랑의 영향을 받는 얕은 해저는 비록 퇴적작용이 이루어진다 하더라도 석유 생성에는 극히 불리하다. 이러한 견지에서 볼 때는 석유 생성은 오키나와 분지가 가장 유망한 장소다. 그곳은 수심이 깊어 해저에 환원형 퇴적환경이 형성되는 곳으로 침체된 해저에서 유기물은 침하하는 대로 보존할 수 있었을 것이다.

지열의 공급

오키나와 분지는 또한 해저 화산활동이 자주 있어온 곳으로 알려져 있다. 현재 용암이 해저에 노출되어 있는 부분도 있고, 길러 올린 퇴적층 속에는 흔히 응회암이 있다고 한다. 오키나와 분지란 지각의 벌어진

틈과 같은 곳이므로 화성암의 생성이 있을 것은 당연하다. 화산암의 분출이 있는 그 아래에는 흔히 화성암의 관입 작용도 있기 마련이다. 아무튼 오키나와 분지의 해저는 지하심처로부터의 열류량이 높기로 유명한 곳이다.

유기물질이 일반 퇴적물 속에서 석유가 되는 방향으로의 화학 변화를 거치려고 하면 평균 이상의 지열량의 공급이 필요하다는 것이 알려져 있다. 퇴적이 진행됨에 따라 물질은 점차 깊이 내려가 많은 열을 받는 것이 예사이지만 분지가 지열의 성격을 띠면 지각 심처의 고온물질이 분지 밑바닥에 접근하거나 분출하여 퇴적물질 전체에 막대한 열을 공급하게 된다. 이때 퇴적물의 일부인 생물질은 더워지는 것 이상으로 푹 찌는 결과가 되어 석유 생성이 촉진된다는 것이다. 이 조건을 두고 볼 때는 오키나와 분지는 석유 생성처로 적격이라고 할 수 있다.

일반적으로 퇴적분지가 처음엔 지열의 성격을 띤다 하더라도 분지 발달이 진행됨에 따라 지구(그라븐)의 성격을 띤다는 것이 알려져 있고, 오키나와 분지도 그러한 발달사를 가진다고 해석하고 있다.

지구(地溝)란 두 개의 평행한 정단층 사이의 땅이 가라앉은 것을 뜻한다. 그렇다는 것은 오키나와 분지의 양쪽 사면의 형성이 단층에 기인한다는 말이다. 여러 개의 촘촘하게 평행 배열한 단층이 오키나와 분지와 대륙붕 간의 사면을 만들고 있음이 알려져 있다. 단층이란 깊은 금이 지표에서 지각 깊은 곳까지 뻗치는 것으로, 이 금(또는 틈)을 따라서 지구 내부의 고온물질이 올라오기 마련이다. 이런 견지에서 볼 때는 동중국해 대륙붕의 대륙사면에 해당되는 오키나와 분지의 사면도 석유 생성으로 유망한 곳이다.

탄화수소류 보존의 조건

일단 생겨난 석유는 투과율이 큰 퇴적층을 통과하여 공극률이 큰 다공질 퇴적물 속에 머물러 있기 마련인데, 기름은 물보다 비중이 낮은 탓에 항상 위를 향해 이동한다. 위를 향해 이동한다지만 지층이 쌓이는 원리는 투과율이 높은 층과 낮은 층이 교대로 쌓여 호층을 이루는 것이 예사여서 바로 위로 한없이 올라가지는 못한다. 만일 그렇게 되면 해저나 지표로 솟아 소실되고 말 것이기 때문에 그렇지 않는 것이 다행이라고 할 수 있다. 그러면 어떻게 이동하느냐 하면 옆으로 이동하되 차츰 위를 향하면서 옆으로 이동하는 것이다. 그러므로 오키나와 분지 바닥에서 생겨난 유물질(油物質)은 차츰 분지사면 쪽으로 이동할 것이고, 분지사면에서 생겨난 유물질은 차츰 대륙붕 가장자리로 이동하기 마련인 것이다.

유원물질(油源物質)의 공급 및 보존량이 풍부한 것이라는 점과 석유 생성의 열적 촉진이라는 측면은 매우 낙관적이나 다음에 말할 퇴적물의 암질과 저류 구조라는 점은 덜 낙관적이다.

7광구가 있는 동중국해 동부에 퇴적물을 공급할 수 있는 후보지(공급원지)는 류큐 열도와 일본 규슈다. 대륙과 한반도로부터의 공급 가능성은 해류의 방향으로 보아 가망이 없다. 물론 이것은 해류 상황이 신생대 후기의 후기 동안 현재와 같은 분포를 했으리라는 가정 아래서 하는 말이다. 사실은 공급지가 어디였느냐는 큰 문제가 아니므로 퇴적물의 성격만 언급하기로 한다.

오키나와 분지 바닥의 2,000m 이상의 퇴적물과 분리사면의 2,000m 미만의 퇴적물의 암질은 이미 일본에서의 해저지질 연구로 상당히 알려져 있는데, 단적으로 말하면 터비다이트(저탁류 퇴적물)가 많다는 것이다. 터비다이트란 해저사태가 생겨나 그것들이 쌓여 생겨난 퇴적물인데 터비다이트는 대륙사면 기슭에는 어디에나 많이 있음이 널리 알려져 있으므로 오키나와 분지 일대에 있다는 것은 능히 짐작이 가는데 이것이 실증되어 있다.

한마디로 말하면 터비다이트는 투과율도 좋지 않고 공급률도 좋지 않다. 왜냐하면 펄과 모래가 분리하는 분급작용이 불량하기 때문인데 다행히도 예외가 있어서 실제로 석유를 생산하고 있는 예가 알려져 있다. 그러므로 이점 석유 산출 가능성을 부정하지 않는다.

다음으로는 저류 구조다. 상식적으로 알고 있는 바와 같이 배사 구조가 최선의 구조인데 이점 필자는 덜 낙관적이다. 신생대 후기의 후기 동안 동중국해 동부 해저에 현저한 습곡을 일으킨 사건이 있었느냐가 문제인데 다만 완만하고 소규모적인 습곡만 가능하다. 왜냐하면 만일 넓은 지역에 걸친 습곡 구조가 이 시대에 생겼다면 대륙붕 지역의 얕은 수심으로 보아 그 부분은 육지가 되었을 것이기 때문이다.

그러나 소규모의 습곡은 그 존재가 알려졌고 또 당연히 생겨날 수 있다. 왜냐하면 그 지하에 마그마 생성이 있으면 비중이 가벼워져 이른바 다이어피르(diapir) 현상이 일어나기 때문이다. 이보다 더욱 본격적인 다이어피르 현상도 기대할 수 있다. 특히 오키나와 분지가 처음 생겨날 때는 기다란 해만에 암염층이 생성되었을 가능성이 있는데 암염층의 존재는 아직 실증되지는 않았으나 생성되었다면 가장 이상적인 저유 구조를 형성할 것이다. 대륙붕 지역은 그러한 건류암층의 다이어피르보다는 화성활동이 이룩하는 다이어피르가 기대된다.

알려진 소규모의 습곡 구조 이외에 이른바 층서적트랩(저류 구조)의 가능성도 있는데 어느 경우든 흔히 기대 하듯이 대규모의 배사 구조가 만드는 대유전의 기대보다는 다수의 소규모 저류 구조를 찾아내어야 하는 어려운 지질학적 난제가 가로놓여 있는 것으로 보인다.

제21장

지진, 한국의 지진

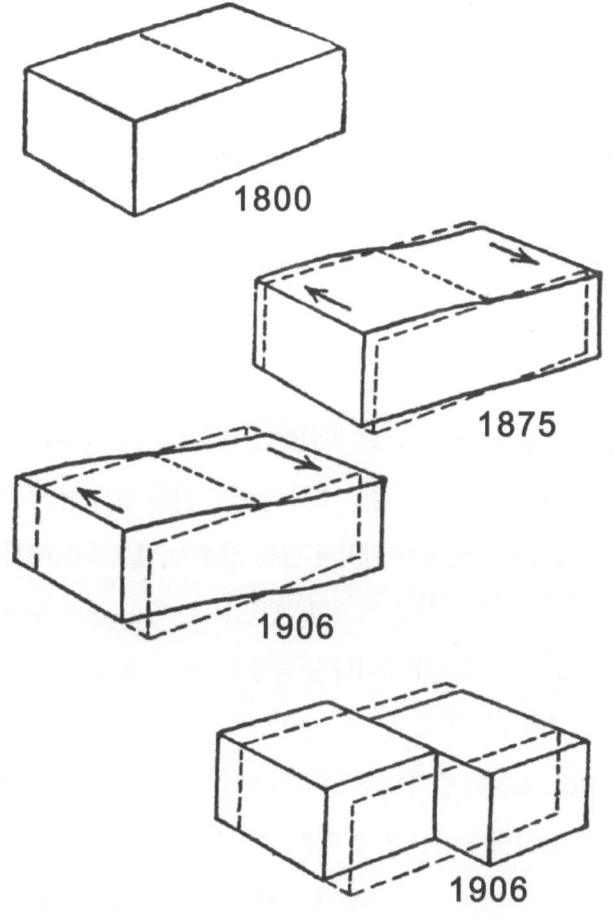

1906년의 참혹했던 캘리포니아 지진의 설명. 1800년에는 땅의 비틀림(뒤틀림)이 전혀 측정되지 않았다. 1875년에는 그것이 측정되었다. 지진 직전에는 탄성체(이 경우 암권) 속에 비틀림에 따른 힘이 한껏 축적되었다가 탄성 반발이 일어난 바로 그 사건(즉 단층 운동)이 지진을 일으켰다. 이 경우의 단층은 산 안드레아스 단층이었다. 산 안드레아스 단층은 단층 양쪽의 땅덩이가 좌우로(수평으로) 상대적 이동을 하는 단층이다.

지진의 원리

지진은 주로 단층 때문에 일어난다. 화산활동 때문에 일어나는 수도 있으나 소규모인 것들뿐이다.

또 사태(沙汰)가 지진을 일으키는 수도 있기는 하나 사태만으로 일어나는 지진은 무시할 만하다. 오히려 지진이 원인이 되어 사태가 일어나는 경우는 많다.

1978년 이래 한반도 남부에서 일어난 두 차례의 지진은 화산지대가 아닌 곳에서 일어났으므로 그 원인이 단층일 것임은 누구나 짐작할 수 있다. 단층이란 땅에 깊은 금이 가는 것인데 깊은 데서 생긴 금은 땅속에서만 생기지 지표에까지 미치지 않는 경우가 있으므로 이때는 지표에 단층을 노출시키지 않고 지진현상만 일으킨다. 그래서 우리는 화산지대 아닌 곳에서 지진이 일어나면 단층활동이 있었음을 안다. 단층이 처음으로 생겨났을 때도 지진이 일어나지만 정지해 있던 단층이 다시 운동할 때도 지진이 일어난다. 지진은 탄성체만이 일으킨다. 암석으로 된 거대한 탄성체가 비틀릴 때 비틀림에 따른 힘이 한껏 축적되었다가 용수철이 그러하듯이 제자리로 갑자기 돌아올 때 일으키는 충격이 지진이다. 지진이 일어나면 그 일어난 곳에서 지진파가 생겨나 사방으로 전달되어 가는데 지진파란 곧 탄성파다. 지진파의 종류, 전달 속도, 굴절하는 모양, 반사되는 상태 등은 멀리 떨어진 여러 관측소에서 측정하여 그 자료를 한데 모아 해석하면 지진이 어디서 일어났는지를 알게 된다. 그 일어난 곳이 진원이다. 진원에서 수직선을 올리면 그것이 지표와 마주치는 곳이 진앙이다.

진원에서 진앙까지의 거리가 70㎞ 미만이면 천발지진이라고 한다. 통계에 따르면 세계적으로 지진이 일으키는 파괴력 등 에너지의 85%는 천발지진에서 온다. 지하 70㎞에서 300㎞까지의 지진을 중발지진이라 하고, 300㎞에서 700㎞까지의 지진을 심발지진이라 한다. 700㎞ 이하에서는 지진이 일어나지 않는 것으로 알려져 있다.

심발지진의 에너지는 본래 미약하기도 하거니와 지표까지의 거리가 멀기 때문에 지표에 미치는 에너지는 극히 미약하여 그 대부분은 지진계에나 걸릴 뿐 사람에게는 감지되지 않는다.

환태평양 지진

매우 특수한 단층이 있는데 동아시아의 땅덩이 밑으로 서태평양의 땅덩이가 기어 들어가는 접촉면이 그것이다.

여기서 땅덩이라고 말한 것은 암권의 조각, 즉 판(plate)을 의미한다. 암권 또는 암석권의 깊이는 대략 70㎞이며 그 아래도 암석으로 구성되어 있지만 온도가 높아 약간 점성을 띠기 때문에 약권이라고 부른다. 암권은 약권 위에 떠서 약권이 대류에 따라 움직이는 대로 피동적으로 얹혀 간다는 것이 알려져 있다. 암권은 여러 개로 동강나 있어 마치 물

위에 뜬 얼음판이 여러 개로 갈라져 있는 것과 같다.

중생대 이래 태평양 지판이 서서히 아시아 지판 밑으로 기어들어 왔음이 알려졌다. 현재에도 그 운동이 진행 중이며 그 마찰 때문에 지진이 무수히 일어나고 있다. 일본에 지진이 많은 것은 바로 이 때문이다.

현재 태평양판이 가장 활발하게 기어들고 있는 부분은 일본 해구다. 오히려 이 때문에 일본 해구가 생겼다. 거기서 한반도를 향한 방향으로 약 45도로 경사하면서 태평양판이 기어내려 가고 있으며 그 마찰이 일으키는 지진 가운데 천발지진의 대부분은 일본 열도의 동쪽 지하에서 일어나고 중발지진은 그보다 서쪽 지하에서 일어나고 있다. 벌써 동해에 이르면 거의 심발지진만이 그 지하에서 일어난다. 두 지판의 마찰면은 한반도 쪽으로 오면서 점점 깊어가기 때문이다. 두 지판의 마찰이 일으키는 지진을 환태평양형 지진이라 부른다면 한반도에서는 다만 그 북동부에 그러한 심발지진의 진앙들이 조금씩 산재해 있을 뿐이다. 따라서 한반도는 환태평양형, 즉 일본계의 지진과는 인연이 멀다.

한국의 지진

금세기에 들어서서 한국의 지진도 지진학적 연구 대상이 되어 왔는데 그 결과로는 한반도 북동 끝부분에 심발지진이 지진계에 기록되었을 뿐 한반도 곳곳에서 일어난 지진의 가히 전부는 천발지진임을 알게 되었다. 고문헌에도 지진 기록이 많으나 모두가 천발지진으로 해석된다.

한반도는 동해 및 황해지역과 더불어 1억 년이 넘는 동안 장력이 작용하는 환경 하에서 늘어져(신장) 왔다. 현재 그러한 작용은 원산-서울-홍성을 잇는 단층대에 가장 현저히 표현되고 있으며 홍성의 지진은 암권을 국지적으로 신장시키고 있는 바로 그 단층작용 때문이다.

이 단층작용은 한반도와 그 주변부(황해, 동해)를 신장시키고 있는 이 지역 나름의 지역적 지질환경 아래서 일어나는 것으로 아시아판과 태평양판의 맞부딪침으로 일어나는 현상과는 그 계통이 다르다고 했지만 간접적으로 서로 인과관계를 가지고 있기는 하다.

지진이 없기로 유명하던 우리 강토에 근래 가벼운 지진이 간간히 일어나 우리를 놀라게 했다.

1978년 9월과 10월에 홍성, 의성 등지에서 지진이 일어나 가옥이 파괴되고 땅에 금이 가는 소동이 일어났던 것은 특기할 만하다. 특히 홍성이 피해를 많이 입었고 지진의 강도는 4도 내지 5도로 보고되었다. 홍성의 지진에 관해서는 원산 부근에서 홍성 부근에 이르는 최근의 큰 단층이 발달되어 있기 때문에 그 단층의 재활동이 지진의 원인일 것이라고 쉽게 짐작되었으나 그 밖의 진앙지에 관해서는 어떤 단층이 그 원인인지 아직 잘 알려지지 않고 있다.

어떤 사람은 한반도도 지진지대라고 말했으나 그렇다면 지구상 어디나 지진지대 아닌 곳이 없다고 해도 과언이 아닐 것이므로 타당성이 없다.

홍성의 지진이 인도와 아시아 대륙의 충돌의 여파라는 해석도 나온 적이 있으나 이 또한 타당성이 없다. 그 충돌의 힘이 왜 하필 멀리 있는 한반도 주변에 와서 단층을 만들어 놓는다고 생각하는가?

제22장

지질학자의 명문

지질학의 철학자 테이야르 드 샤르댕.

(1) 한스 클로스의 《지구와의 대화》에서

여기에 소개하는 글은 독일의 한스 클로스(Hans Cloos)의 《지구와의 대화》라는 책의 서문에서 추린 것이다. 그는 화성암석학과 구조지질학의 유수한 대가로서 해박한 과학자인 한편 시적 착상이 풍부한 문필가로도 유명하다. 원 뜻을 더욱 천명하기 위해서 때때로 과감한 의역을 요하는 구절이 있었다.

해가 갈수록 거듭 내 마음에 찾아와 기쁨을 주곤 하는 하나의 생각은 내 일찍이 지질여행에 심취했던 시절의 한때 문득 나의 머리에 떠올랐던-지질학은 지구의 음악이다-라는 생각이다.

지구여, 둥글고 빛깔 가득한 행성. 너는 우리를 싣고 죽음처럼 텅 빈 공간을 까딱없이 운행하누나! 은혜롭게도 너는 시꺼먼 구렁텅이를 물과 공기로 감싼다. 네가 우리를 태양 쪽으로 돌릴 때 우리는 따스하고 마음이 흔쾌하여 우리 눈은 초원을 가로질러 너의 장관을 우러르게 된다. 그리고는 너는 우리로 하여금 생의 과열과 낮의 아귀다툼에서 벗어나 밤의 시원함 속에서 쉼을 얻도록 꽃불의 햇볕에서 우리를 돌려놓는다.

현재는 사람의 시대다. 오늘날 지식은 두드러지게 군림하고 있다. 지구는 생겨난 이래 처음으로 그 자신을 보며 또한 이해한다. 수십억 년을 지구는 눈 멀고 벙어리인 채 굴러왔다. 지구는 식물과 동물이 되어 수백만 번의 미완성 실험을 하는데 이 긴 세월을 들인 보람으로 그 자신을 인식하는 기관을 만들어낸 것이다. 수십억 년 동안 이 인내심 많은 지구는 갖가지 기호와 그림으로 새긴 문서를 쌓아 왔으나 미발견, 미사용인 채였다.

오늘에 와서야 마침내 그것들은 잠에서 깨어나고 있다. 그 잠을 깨울 인류가 왔기 때문이다. 돌이 말하기 시작한 것이다. 들을 귀가 생겨났기 때문이다. 지층이 역사로 된 것이다. 기나긴 단잠에서 깨어난 듯 생명의 한란하고 끝없는 춤이 과거의 까마득함으로부터 현재의 빛 속으로 펼쳐져 나오고 있다.

오늘은 인류의 시대다. 우리는 꼿꼿하게 서서 걸으며 우리의 응시는 대지를 넘어 먼 곳을 직시한다.

냇가에서나 산마루에서 암벽을 만나면 걸음을 멈추고 우리는 반석의 벌어진 창문을 통해 지구의 깊은 데를 들여다본다. 우리는 지질학적으로 훈련된 감각과 사고를 도구로 긴긴 세월을 유산으로 물려온 지구의 일기를 처음으로 뜯어 읽는다. 지구의 언어를 우리 자신의 것으로 바꾸며 색채로 가득한 밝은 현재의 표면을 다함없는 과거의 부로써 풍요히 한다.

어째서 사람은 어떤 풍경 속에서 아름다움을 발견하는 것일까? 그는 곧 자연의 이법(理法)에 속한 자연의 한 부분이기 때문이 아닐까? 지구의 내적 질서에, 그 반복의 진동에, 그 선과 면의 조화에, 그 부분들의 균형 잡힌 상호 작용에 무의식적인 직관을 타고난 자이기 때문이리라.

그리고 또한 우리가 자연을 사색함에서 기쁨을 맛보는 까닭도 우리 자신의 혼의 음악과 지구의 음악의 조화 때문이 아니겠는가?

우리가 어떤 옛 그림에서 산을 그린 수법이 마음에 안 든다면 그 까닭은 바로 이러한 조화를 못 지니고 있기 때문이리라.

숲속에 만든 인공호가 빙식곡(氷蝕谷)이나 분화구에 생긴 자연적인 호수보다 덜 맘에 든다면 그것은 수천 년을 두고 무르익어 온 자연의 균형을 인공이 손상시킨 바로 그 때문이리라.

지구의 크기와 나이는 가히 우리에게 겸손을 가르친다. 한편 지구는 우리의 이해력이 증가함에 따라 넉넉히 파악하고 배울 수 있으리만치 작기도 하다. 지구는 우리에게 풍부한 상세뿐 아니라 엄청난 전체도 가르친다. 지구의 부분으로서의 우리는 무생물과 그것이 겪는 끝없는 변화에 의존하고 있다. 지구의 아들인 우리는 생명의 쉼 없는 흐름에서는 종속적이요, 의존적인 분자들일 따름이다.

1755년 리스본을 파괴한 지진에 대해 쓰면서 알버트 슈바이처는 이 사건을 "과연 세계가 지혜롭고 선한 창조주에 의해 다스려지고 있는지에 대해 많은 사람들에게 의문을 일으켰다."라고 말했다. 리스본 지진은 그 이전 혹은 이후의 모든 지변과 마찬가지로 우리 행성의 지질발달사 정상한 사건들의 하나다. 바야흐로 사람은 지구의 습성을 잘 촌탁하여 지진을 예지하고 대비할 수 있는 때가 다가오고 있다. 그렇게 되면 사람과 지구의 통일이 이루어지는 셈으로 이 통일 없이는 세계에 대한 바른 개념이 이루어질 수 없을 것이다.

(2) 테야르 드 샤르댕의 《인간현상》에서

테야르 드 샤르댕(Pierre Teilhard de Chardin, 1881~1955)의 주저 《인간현상》(Le Phenomene Humain)에서 추렸다. 저자는 금세기 유수한 지질학자요, 고생물학자이며 예수회 신부이기도 했다. 지질학 여러 분야에 걸친 논문이 많은데 특히 북경원인 발굴의 참가와 포유류화석의 연구로 널리 알려졌다. 그는 일생 동안 많은 지질 답사와 야외 작업(특히 중국, 몽골)을 했다.

한편 그는 그의 사상을 많은 저서를 통해 남겼는데 오늘날 놀랍게도 신학계와 일반 독자들은 그의 진화사상에 열심히 귀 기울이고 있다. 그는 사람을 포함하는 만유를 진화 과정적 현상으로 보았으며, 모든 존재는 본질적으로 진화적이라고 보았다. 그에 의하면 생물 이전의 물질 속에는 잠재적 의식이, 동물에게는 본능이라는 의식이, 사람에게는 자의식 또는 자각이 있으며 진화 목표인 그의 '오메가점'(Omega Point)의 이름에 따라 초의식(예수의 경우와 같은)이 있다고 했다.

인간 이전의 진화에는 시간이라는 요소가 큰 구실을 하지만 인간 이후에는 시간은 인격과 맞바꾸어진다는 것이다(시간의 인격화).

그의 사상은 지질학적 사고, 지사학적·고생물학적 개념, 그리고 그리스도교 사상에 토대하고 있어 지질학과 그리스도교를 함께 알아야만 이해할 수 있다. 이 발췌문에서 '자체감싸돌기' 혹은 '자체포개기'로 번역한 개념은 새로운 단계의 진화의 소지가 이미 묵은 단계에 내재되어 있어 외래적이 아니라 내재적으로 자발적 성격을 띠면서 묵은 단계 위를 그대로 포개고 묵은 단계를 감싸면서, 말하자면 둔갑과 같은 진화를 한다는 뜻이다.

본다. 생명이 온통 이 동사에 있다. 궁극적으로 그렇다고는 할 수 없을지 몰라도 적어도 본질적으로 그렇다는 말이다. 보다 충실한 존재란

보다 다가선 하나됨(union)인데 하나됨은 의식의 증가를 통하여 증가한다. 의식의 증가란 곧 봄(vision)의 증가다. 생물계의 역사가 보고 또 보아도 새로 볼 것이 남아 있는 우주 속에서 눈의 완성으로 요약될 수 있는 까닭이 바로 이 때문이리라.

우리가 동물의 완성을 논하고 생각하는 존재의 탁월함을 말할 때 그의 눈의 뚫어(투철)보고 움켜(종합적)보는 능력에 기준하여 판단하는 것이 아닌가? 더 많이 보고 더 잘 보자는 노력은 환상이나 호기심이나 허영심 때문이 아니다. 보느냐 그렇지 못하고 망하느냐(voir ou périr). 이는 곧 존재자의 신비스러운 선물인 까닭에 우주의 모든 요원에게 부여된 상황이다. 따라서 이는 드높이 발달된 인간의 조건이다.

인류는 일찍부터 스스로를 장관으로 여겨 왔다. 실로 수십 세기 동안 사람은 자기만을 보아온 것이다. 이제 인류는 물상계에서의 자신의 의의에 관한 과학적 견해를 이제 막 가지기 시작했을 따름이다. 이렇듯 서서히 일어나는 각성에 대하여 놀랄 것은 없다. 눈앞에 보여도 깨닫기는 어렵기 때문이다. 어린아이는 그의 새로 열린 동공에 엄습해 오는 많은 영상을 가려내기를 아직도 배워야 하는 것과 같다.

생각하는 존재의 결정적인 순간 치고 그의 눈에서 비늘이 떨어져 자기가 길 잃은 우주적 미아가 아니라 우주의 살리는 의지가 자기에게 집약되어 있고 그 의지가 자기로 화신(인간화)되어 있음을 발견하는 순간 이상으로 결정적인 순간이 과연 있을지 의문이다.

그러한 견지에서 볼 때 사람은 오랫동안 그렇게 될 줄 믿어 왔듯이 세계의 정적 중심이 아니라 진화의 주축이 요 화살촉이다.

오늘날은 바야흐로 사물의 내면과 외면을 아울러 마음과 물질을 통틀어 다루지 않는 어떤 우주 해석도 만족스러운 것이 못 되는 때가 되었다. 어느 때 가서도 참다운 물리학은 세계의 통일된 그림 속에 사람의 전부를 포함하게 되는 그러한 물리학이다.

만일 우주가 천문학적으로 공간 팽창의 과정에 있다면 마찬가지로 그러나 더욱 분명하게 우주는 물리학적으로는 지극히 단순한 데서 지극히 복잡한 데에 이르는 자체감싸돌기(enroulement, involution)적 유기 진화 과정에 있는 것으로 우리에게 나타난다. 나아가 이 향복잡성적 감싸돌기는 거기 대응하는 내면화의 증가와 실험적 연관성이 있다. 내면화의 증가란 말하자면 심성 혹은 의식의 증가다.

지질학자들은 오래전부터 지구의 성권현상을 인정해 왔다. 쥐스(Suess) 이래 과학은 종래 생각해 오던 네 개의 동심원상 권층(지구핵, 맨틀과 지각, 수권 및 기권)에다가 동물군과 식물군으로 구성된 생물권이라는 산 막 하나를 더 보태었는데 이는 다른 권층과 마찬가지 보편성을 가지고 있고 다른 권층보다도 개성화되어 있어서 매우 타당한 것이다.

진화사상 하나의 독립된 새로운 시대 즉 '마음 생성'(noogenesis)의 시대를 인정하게 된즉 이에 따라 땅의 여러 권층 위를 둘러싸는 하나의 새로운 권층을 생각하기 마련이다.

의식적 반성의 첫 번째 불꽃에 뒤이어 꽃불이 번져간다. 발화점이 부풀어간다. 점점 넓어지는 둘레를 이루며 불은 번져가다가 마침내 이

행성이 온통 불길에 휩싸인다. 오로지 한 가지 해석이 오직 하나의 이름만이 이 엄청난 변상을 제대로 표현할 수 있다. 그 이전의 어떤 권층보다도 독립적이고 광범한, 정말로 새로운 권층 즉「생각하는 권층」, 이는 제3기 말에 생겨나기 시작하여 동식물의 세계 위를 덮어 퍼져 왔다. 다시 말하면 생물권 밖에 위에「마음」(noosphere)이 있다.

사람의 진화가 제4기를 고비로 정지되었다고 볼 것인가? 결코 아니다. (신경조직의 깊은 곳에서 천천히 은밀히 진행 중일 변화를 고려에 넣지 않아서는 안 되겠지만) 현인류 출현 이후 진화는 해부학적 양식을 명백히 넘어서서 개인적으로나 전체적으로나 자발심성(spontaneite psychique)의 수준의 수준으로 의식 전위되었다.

진화는 의식을 향한 올라감이다. 그런즉 진화는 어떤 드높은 의식을 향해 나아가야 할 것이다. 그러나 그 지고의 것이 되려고 할 때 그 속에 지고의 정도로 완성된 우리의 현의식이 '반조적 자체포개기'(높은 의식이 낮은 의식에서 자발하여 올라와 낮은 의식 위를 포개 덮어 승화시켜 낮았던 의식을 반조, 반성하는 것)로 포함되어서는 안 될 것인가?

'마음 생성'의 전망에서 볼 때는 시간과 공간이 진정한 의미에서 인간화-차라리 초인간화-된다. 우주적인 것과 인격적인 것(즉 중심점적인 것들)은 서로 배제적이기는커녕 같은 방향을 향해 성장해 가다가 서로 만나 동시에 절정에 도달한다.

그러므로 우리 존재의 혹은 '마음권'의 연장을 비인격시하는 것은 착오다. 우주적-미래적인 것은 '오메가' 포인트에서는 초인격적 이외에 그 어떤 것일 수도 없다.

  우리의 행성이 성숙해감에 따라 그 물적·심적 상태가 어떻게 될 것이냐라는 문제에 대하여 우리는 두 개의 상반된 가설을 가질 수 있다. 첫째 가설은 지상에서 악이 마침내 극소화되는 최종적 단계를 이상으로 우리가 최대한의 노력을 기울이는 희망적인 것이고, 다른 한 가능성은 과거의 모든 존재가 예외 없이 지배받아 온 법칙이 그대로 가서 선과 더불어 악이 여전히 성장해 가다가 마침내 특수히 새로운 모습으로 그 창궐이 절정에 도달되는 그러한 가능성이다.

제23장

지질학, 그 내용과 전망

"With mind and hammer"- the motto of the geologist.

지질학은 젊다

서양에서 발달한 자연과학 분야가 흔히 그러하듯이 지질학도 그 기원을 거슬러 올라가면 그리스 시대에까지 이르게 된다. 그러나 고대에는 지질현상의 해석은 대체로 가설과 추측의 경지를 벗어나지 못했다. 중세에 와서는 자연의 역사를 구약성서의 내용과 아리스토텔레스가 뿌리박아 놓은 독단론적 체계에 뜯어 맞추려 하는 노력 때문에 지질현상의 해석이 크게 왜곡되었었다.

18세기의 후반기에 와서 지질학적 현상이 실로 긴 역사를 가졌다는, 이른바 지질 시간적 개념이 발달하면서부터 진정한 의미의 지질학이 성립되었다. 그래서 현대 지질학은 대략 200년의 역사밖에 가지고 있지 않다. 이렇듯 짧은 역사에 비하면 지질학의 업적은 엄청나다고 할 수 있다.

지하자원의 개발과 지질학의 발달은 서로 밀접한 관련이 있다. 유전(油田)과 탄전(炭田)의 개발은 층서학(層序學)과 고생물학에 크게 의존하고 있으며, 역으로 층서학, 미고생물학, 고식물학 등의 발달은 유전과 탄전 개발의 진보에 크게 의존하고 있다. 오늘날 세계의 유전 가운데는 층서학과 고생물학적 지식의 응용 결과 발견된 것이 많다.

지질학의 동향

지질학의 전통적 특징의 하나는 다른 과학 분야의 공적을 이용하게 되는 점이다. 최근의 동향도 그렇다. 물리화학(physical chemistry)의 지식을 이용하여 광물과 암석의 생성 과정을 설명하고, 현생물의 생태 연구를 이용해서 고생물의 생태를 연구하는 등의 분야가 각광받고 있다. 또 근래에는 우주 개발의 붐을 타고 '달의 지질학', '화성 지질학' 등이 논의되고 있다.

각도를 조금 달리해 본다면 지질학의 본질적 특징이라고 할 만한 것으로, 현재 지구상에서 일어나고 있는 지질현상과 과정이 과거에도 그대로 진행되었다고 보는 추정 하에서 과거 지질시대의 모든 것을 설명하려는 것이다.

그래서 현재 진행 중인 지질 과정을 근래 부쩍 왕성하게 연구하고 있다는 것이 지질학의 최근 동향의 하나다. 현재 매우 큰 활기를 띠고 있는 퇴적학이 그 좋은 예인데, 퇴적학은 현재 해저나 삼각주나 범람원 등에서 진행 중인 퇴적현상과 퇴적물의 성질을 세밀히 연구해서 같은 성격의 퇴적암과 퇴적 구조를 해석하는 분야로서 이것은 현재 매우 큰 성과를 거두고 있다.

지질학도 다른 과학과 마찬가지로 발달할수록 세분되어 가고 있다. 지진과 중도현상에 관한 물리학적 지식을 응용하여 지질현상을 설명하는 등의 지구물리학은 20세기에 들어와서는 독자적 분야가 되었고, 지구 내부를 해석하는 데 있어서 매우 큰 공적을 세웠다. 지구화학 또한 거의 독자적 분야가 되었다. 지구화학은 지구물질의 생성과 변천 과정을 화학적으로 설명했고, 특히 금속광상의 발견에 큰 공헌을 해 왔다. 이것은 마치 집안이 커져 가면 분가를 하는 것과 같아서 지질학의 일부를 출가시켜 물리학과 화학을 사돈으로 맞은 것과 같다고 할 수 있겠다.

얼핏 보기에는 지질학은 이학과 공학의 성격을 아울러 가지고 있는 것 같으나 본질적으로 지질학은 이학이다. 예를 들어 가령 여기 어떤 광상의 노두가 있다고 할 때 지질학자는 이 광상 부근의 지질을 조사해서 이 광상의 기원, 다시 말하면 성인(成因)을 밝힘으로써 이 광상의 부존상태, 광상의 가능한 규모 같은 것에 관한 어떤 견해를 가진다. 단적으로 말하면 지질학자의 눈은 항상 모든 것의 기원에 있다. 이런 의미에서 지질학은 기본적으로는 이학이고, 지질학과가 공과대학이 아니라 문리과대학에 소속되는 까닭도 여기에 있다.

그러나 지질학은 응용지질학이란 분야를 가지고 있어서 새로운 광상의 탐색은 물론이요, 건축물과 저수지의 기반 조사, 사태의 방지 같은 일을 담당하고, 또 최근에는 지하수의 조사가 많이 성행되고 있다. 이와 같이 특히 최근에 와서 지질학은 점점 공학의 성격을 많이 띠게 되었다.

지질학의 중심 분야

 그러면 지질학의 중심 분야는 현재 어떤 상태에 있는가? 새로운 분야가 독립해 나가고 또 학문상의 새로운 유행이 성행된다고 할지라도 지질학의 기본적인 부분은 오히려 이 주변 과학 등이 기여해 주는 바에 의해 장족의 성장을 하고 있다. 지금까지 가설의 경지에 있던 것이 확인되기도 하고 새로운 사실이 많이 알려져 지질학의 세계는 급속도로 풍성해지고 있다.

 지질학의 가장 기본적인 부분은 지구상의 모든 암층을 시대별로 분류하여 암층 속에서 읽을 수 있는 모든 증거를 종합해서 지구 역사의 체계를 이룩하는 일인데 이것은 지질학의 고전적인 부분이면서 항상 새롭고 항상 보충되고 수정되어 갈 중요한 분야다(층서학).

 고생물학자들은 꾸준히 화석무리를 연구해서 꾸준히 신종을 기재하고 있다. 암석과 광물에 관한 갖가지 방면의 연구가 새로 등장하고 새로운 기기와 새로운 방법이 고안되곤 하지만 편광현미경에 의한 광물의 광학적 연구는 지질학 연구의 기본적인 것이며, 모든 암석의 광물 성분과 조직에 관한 기본적인 연구는 광물의 광학적 성질을 이용하여 이루어지고 있다.

 지질학도들은 흔히 산과 들로 다니면서 지질 조사를 하는데 이것이야말로 지질학의 기초라고 할 수 있다. 지질에 관한 지식의 주요 부분은 항상 산과 골짜기에서 얻어진다. 자동차가 발명되어 지상 교통이 편리해지자 지질 조사는 급속도로 진행되었다. 지질 조사 결과로 어디서 어떤 광상을 기대할 수 있는지 알 수 있기 때문에 개인의 부나 국부를 도모하기 위해 지질 조사에 크게 박차가 가했다.

지질학의 방법

야외 조사에 사용되는 기구는 많지만 가장 기본적인 것은 컴퍼스(경사의)와 망치다. 어떤 암석이 어떤 주향과 경사를 가지고 어떤 자세로 분포하느냐를 지도상에 낱낱이 기입해 가면 지질도가 된다. 지질도가 있으면 지질단면도를 만들 수 있고, 지질단면도를 통해 지각의 구조를 알 수 있는 것이다.

지질학자들은 어떻게 땅 밑에 대해 알게 되는가? 지하의 세계를 보는 재주에 관하여 좀 더 단적으로 말하면 땅 밑의 일은 땅을 파 보면 가장 잘 알 수 있을 것이다. 그런데 고맙게도 흐르는 강물은 깊은 골짜기를 파서 땅을 잘 해부해 놓는다. 대부분의 지질학적 자료는 골짜기에서 얻어진다. 등산가들은 항상 산꼭대기에 오르려 하지만 지질을 공부하는 사람들의 눈은 산꼭대기보다는 골짜기를 향한다. 사람이 지질 조사를 하기 위해 골짜기 하나를 파려면 많은 시간과 힘이 들 것이다. 실제로 막대한 비용을 들여 탄전과 유전에서는 시굴(試掘)과 시추를 하고 광산에서는 갱도를 뚫지만 이런 일은 모두 자연이 수행해 놓은 발굴 작업의 마지막 손질에 불과하다. 흐르는 물이 땅을 깎고 골짜기를 파는 침식작용은 끊임없이 지구의 껍질을 한 겹 한 겹 벗겨 가고 있다. 그래서 사람들은 사실상 과거의 지하에 살고 있는 셈이 된다. 땅 밑이란 결코 멀리 있는 것만은 아니다. 현재의 지상은 과거의 지하인 것이다. 우리가 과거의 지하에 발을 딛고 있다는 사실은 평범하면서도 중요한 사실이다.

말하자면 지구 표면은 이미 발굴 작업이 진행 중인 고적(古跡)과도 같다. 지질학도에게 지각이란 고적의 덩어리다. 단적으로 말하면 지질학이란 지각의 고고학이다. 한 조각의 돌이나 석탄, 금, 은, 구리, 철 등의 광석은 다 이 땅이라는 고적 속에 부분품으로 묻혀 있던 것이다. 고고학자들은 흙을 한 겹 한 겹 벗겨가면서 땅 밑에 묻힌 옛날 사람들이 만들어 놓은 건조물의 본래 모습을 되찾는 일, 즉 복원시키는 일을 한다. 지질학도의 연구 대상인 암층도 여러 가지 건축 양식을 가지고 있다. 이 암층의 건축 양식과 그 옛 모습을 파악하고, 이 지각이란 건조물의 건축의 역사를 밝히는 것이 지질학이라고 할 수 있다.

지질학의 중심 이론과 방법은 확실히 역사과학적인 것이다. 지질학적 대상의 대부분은 그 생성 과정을 실험할 수 없기 때문에 더욱 그러한 방법이 요구된다. 석탄암이나 석탄의 퇴적현상을 실험할 충분한 실험실도, 화강암의 생성을 완전히 실험할 도가니도 결코 인공적으로 만들 수 없다. 이러한 것들의 생성과정이 사람이 감당할 수 없는 넓은 공간을 무대로 진행되고 또 현재의 기술이 만들어 낼 수 없기(고온·고압을 필요로 하는 등) 때문이기도 하지만, 무엇보다도 결정적인 이유는 석탄이나 석회암, 화강암 같은 것이 생겨나는 데는 사람이 도저히 재현할 수 없는 수백만 년 혹은 수천만 년의 기나긴 시간이 소요되었기 때문이다. 이 시간이란 요소는 실험대에 올려놓을 수도 없고 시험관에 넣을 수도 없고 기계에 걸 수도 없다. 그래서 마치 사가(史家)가 고려시대의 사회를 연구하려고 하면 현 사회를 지배하는 것과 같은 근본 원리가 그 당시 사회도 지배했으리라고 하는 전제를 바탕으로 현재에서 얻은 지식을 과거에 적용시키는 것과 마찬가지로, 지질학에 있어서도 현재 지구상에서 일어나고 있는 지질학적 과정의 근본 원리가 과거 지질시대에도 그대로 일어났다고 하는 전제 하에서 현재에서 얻은 모든 지식을 총동원해 지질시대의 현상과 과정을 연구하는 것이다. 그래서 지질학의 제1원리는 '현재는 과거의 열쇠다'라는 표어 속에 잘 나타나 있다.

지질학의 분과

지질학의 주요 분야는 다음과 같다.

1. 지층의 시간적 측면에 관한 지질학
2. 지각의 구성성분에 관한 지질학
3. 지각의 형태와 구조에 관한 지질학

4. 응용지질학

5. 지구물리학과 지구화학

각 분야에 속하는 분과들을 보면 다음과 같다.

1. 층서학, 지사학, 퇴적학, 고생물학 등
2. 광물학, 광상학, 암석학 등
3. 지형학, 구조지질학
4. 광산지질학, 수리지질학(지하수학), 토목지질학(저수지지질학, 터널지질학 등 포함). 농림지질학(삼림의 입지로서의 지질에 관한 분야), 해양지질학 등

이상의 목록에서 잘 드러나는 바와 같이 지질학은 많은 부분이 물리학, 화학, 그리고 생물학을 토대로 하고 있기 때문에 '상층구조의 과학'이라는 별명도 가지고 있다. 또한 이러한 사정 때문에 지질학에는 어느 다른 과학보다도 분과가 많다. 위의 목록은 기초적인 분과만 적은 것이다. 실제로 전문가들은 더 좁은 분야를 전공하고 있다. 즉 고생물학자의 어떤 사람은 산호화석만을, 어떤 사람은 척추동물 가운데도 파충류 화석만 전공한다. 지구화학자의 예를 들면 어떤 이는 지각의 화학적 진화를, 어떤 이는 지구화학적 탐광법(探鑛法)만 전공한다. 어떤 지구물리학자는 지진학적 방법을 이용한 지구 내부구성을 전공하는가 하면, 어

떤 지구물리학자는 지구물리학적 탐광법만을 전공한다.

여기서 한 가지 언급할 점은 위의 목록에 있는 분과가 모두 지질학이라고 말하면 이의를 제기할 사람이 많으리라는 것이다. 특히 지구물리학이 그렇다. 지구물리학의 대상은 지질학이지만, 그 방법은 물리학적인 것이다. 그러므로 그것은 지질학과 물리학의 중간을 점하는 분야라고 할 수 있다. 그런데 근래에 와서 지구물리학적 방법이 대단한 성공을 거두어 지질학적 연구 대상 속에 파고들어 왔다. 예를 들면 대륙이동이 고지자기연구 등의 결과로 입증되기에 이르렀다. 지구물리학은 앞으로도 상당한 성공을 거둘 것으로 예상된다. 오늘날 미국의 유수한 대학에서 지질학과의 이름은 이미 '지질 및 지구물리과학과'(geological and geophysical sciences)로 바뀌었다.

대륙 이동설은 이미 오래전부터 있었고 또 대륙 이동설로써 설명하면 잘 설명 가능한 현상이 많았으나 대륙 이동의 메커니즘이 알려지지 않아 대륙 이동이 인정받지 못하던 중 1960년대에 들어와서 그 메커니즘이 알려졌다. 해저 확장설이 그것이다(제15장 참조). 해저 확장설은 지질학적 자료와 증거를 토대로 얻었지만 이 가설을 결정적으로 입증한 것은 지구물리학적 연구였다. 지질학자와 지구물리학자의 협력으로 지각발달사의 내용이 급속도로 밝혀지고 있으며, 현재 지질학의 어느 주제보다 활발히, 그리고 다수의 학자들이 참여하여 연구를 추진하고 있다. 실로 지질학의 신기원이 마련되었으며 지구발달사의 오랜 비밀이 바야흐로 풀려나가고 있다.

때를 같이 하여 국제적 노력이 지질학계를 휩쓸게 되었다. 지질학의 대상이 어느 하나 전 지구적 체계 속에 있지 않은 것이 없기 때문이다. 심해저 시추가 지구상의 모든 대양저에서 진행 중이다. 최근에는 국제 지질연맹과 유네스코의 주도 하에 지질학의 주요 문제가 국제적 협력으로 활발히 연구되어 가고 있다.

지질학의 장래

어느 때나 그러하듯이 이용률이 높은 분야가 인기가 많고 사람들이 많이 쏠리는 것은 사실이나 반드시 그들만이 다행한 것은 아니다. 여기에도 자연의 밸런스는 있다.

층서학, 암석학, 광물학, 고생물학 등은 지질학의 기간 혹은 중심 분야라고 할 수 있어서, 이 분야를 하는 사람은 지질학의 본질에 가장 접근해 있다. 즉 이들은 지질학의 근본 문제를 다루는 지질학자다. 이러한 지질학의 중심 분야의 인기는 마치 고전의 인기와 같이 시간을 초월하여 한결같다.

구미에 가면 박사 과정에 있는 지질학도들의 상당수가 학위논문의 자료를 얻기 위해 외국으로 가는 예를 흔히 볼 수 있다. 그 이유는 자기네 국토의 지질 조사가 이미 잘 되어 있기 때문이기도 하지만 새로운 주제를 다루기에 적당한 땅을 찾기 때문에 그렇다. 최근 영국의 한 유능한 지질학자가 오스트리아의 지질을 연구하기 위하여 파견되어 있는 동안 《동알프스의 지질》이라는 책자를 썼다. 그런가 하면 오스트리아의 지질학자의 한 사람은 페르시아만의 지질에 관한 논문을 발표했다.

이처럼 지질 조사를 기다리고 있는 땅들이 점차 점령당하고 있으나 아직 처녀지는 지구상에 허다하다. 우리나라만 해도 지질 조사가 아직 되어 있지 않은 땅이 상당히 남아 있다. 이처럼 육지에도 미조사지가 많이 있기는 하나 사람이 육지에 사는 존재이므로 해저에 비하면 육지는 지질 조사가 많이 진행되어 있는 셈이다. 그러므로 해저는 지질학도에게 신천지다. 그러나 해저지질 조사는 고도의 해저 탐사 기술을 요하므로 비능률적이라는 것이 사실이며, 큰 국력의 뒷받침이 있어야 실효를 거둘 수 있다. 해저지질 조사는 현재까지 주로 강대국들에 의해 진행되어 왔다.

해저보다 더 넓은 신천지는 우주다. 이제 겨우 달에 도달하는 능력을 인간이 가지게 되었는데 이로서 우주 지질 조사가 갓 시작된 것이다. 그러나 우주 지질 조사가 지구상의 지질 조사처럼 상세한 작업이 실현되게 될지는 예견하기 어렵다.

아마도 지질학의 진정한 신천지는 가장 가까운 곳에 있다. 지질학적 연구 방법은 제2차 세계대전 이후 일층 정량적이고 분석적인 것으로 진전했다. 우리나라의 경우 일제강점기와 해방 후 20년간의 지질 조사는 최근 진행 중인 현대적 조사 연구의 좋은 기초가 되고 있다. 우리 국토의 지질은 현대적 지층분류의 개념, 정밀한 암석 연령 측정 등을 기초로 전면적으로 재검토되어야 한다. 퇴적암의 중광물분대(重鑛物分帶)도 곧 수행되어야 하겠지만 화석 연구는 가장 선행되어야 할 분야이면서도 최근에 와서야 장려되기 시작했다. 우리 국토의 지질은 현대적 연구를 위한 전인미답의 신천지라 해도 과언이 아니다.